고중숙

서울대 화학과를 졸업하고, 미국 애크론 대학교에서 레이저 분광학을 공부하여 박사학위를 받았다. 현재 순천대학교 화학과 교수로 재직중이다. 일상생활에서 접하는 여러 과학 현상들 속에 숨어 있는 흥미로운 법칙과 원리들을 전문지식이 없는 사람들도 쉽게 이해하고 즐길 수 있게 하는 글쓰기, 암기 위주가 아닌 개념 자체를 이해하는 '즐겁고 신나는' 과학 공부, 우리가 잘못 알고 있는 과학 상식을 바로잡는 일 등에 많은 애정과 관심을 갖고 있다. 『한겨레 21』에 6개월간 연재된 과학 칼럼을 모아 엮은 이 책 또한 그러한 작업의 산물이다. 『내 머리로 이해하는 $E = mc^2$』『수학공부 개념있게』등 두 권의 책을 펴냈으며, 『無 0 眞空』『우주, 또 하나의 컴퓨터』등을 우리말로 옮겼다.
e-mail jsg@sunchon.ac.kr

"21세기라는 시간적 상징성에 맞추어 21개의 화두로 책을 엮었다.
이를 읽어가는 과정은 소 같은 반추동물들의 되새김질에 비유할 수 있겠다.
우선 전반적인 내용을 섭취한 뒤 여유를 갖고 세부적인 내용을
되새김하는 식으로 구성되었기 때문이다.
비록 바쁜 현대 생활 속에서 살고 있지만 느릿한 반추 가운데
유익하고 소중한 인연의 시간이 되기를 기대한다."

design dir장병인 cov이승욱 des이미연

고중숙의
사이언스 크로키

고중숙의
사이언스 크로키

SCIENCE CROQUIS by JUNGSUG GO

차 례

들어가면서 8

1. 김병현과 방울뱀 11

애리조나의 방울뱀 김병현 14 | 뱀도 달린다? 16 | 심장의 운동 18 | 차원의 비교 20 | 사이드와인더 미사일 24

2. 언제부터 생명인가 25

버큰헤드의 전통 : 어린이와 여자를 먼저! 28 | 어디까지가 생명인가? 29 | 어디까지가 인간인가? 31 | 한국에서 복제인간 탄생? 35

3. 즐거움이라는 함수 37

왜 과학을 하느냐고 묻거든… 40 | 라그랑주 방법의 한 예 46 | 창의력은 신입사원이 갖출 최고의 덕목 51

4. 미터법과 섬나라 53

금성과 온실 효과 56 | 최근의 화성 탐사 소식 58 | 사이가 좋지 않은 바다 건너 나라들 62 | 국제단위계(SI) 63

5. '속도위반'이 맞으려면? 67

사과의 무게와 사랑의 무게 70 | 전문용어와 일상용어 간의 괴리 70 | 죄형법정주의(罪刑法定主義) 72

6. 불로불사, 그 허망한 꿈　78
계산기의 역사　81 ｜ 날로 증가하는 해킹의 심각성　86 ｜ 의학과 질병의 숨바꼭질　87 ｜ 죽음은 삶을 잇는 다리　91

7. 점은 우주요, 순간은 영원　94
아이맥스(IMAX) 영화　97 ｜ 블랙홀의 반지름과 질량과의 관계　101 ｜ 블랙홀은 고체인가?　103 ｜ 블랙홀의 특이점　104 ｜ 도대체 누가 뮤온을 주문했나?　104 ｜ 원자 및 분자적 현상을 중심으로 본 시간 척도의 개관　106

8. 지구 유치원　108
엔트로피 증대법칙의 이해　111 ｜ 엔트로피 증대법칙의 적용　113 ｜ 엔트로피 증대법칙과 지구의 황폐화　115 ｜ 만물의 영장과 내부로부터의 도전　117

9. 본능인가 배움인가　121
현대는 '성(性)의 바다'에 빠져드는가?　124 ｜ 올바른 성문화의 형성　125 ｜ 성교육은 평생교육이다　130 ｜ Nature or nurture?　132

10. 진공청소기 목성　137
거품으로 끝나지 않기를　140 ｜ 죽어서도 살아 있는 공룡　142 ｜ 공룡의 멸종 원인　144 ｜ 한 알의 밀이 땅에 떨어져 죽으면…　147

11. 이해와 암기 사이에 느낌을　150

예측 불능의 천재 리처드 파인만 153 | 수면의 반사광은 편광 156 | 탱크 한 대와 맞먹는 스포츠카 두 대 158 | 계란으로도 바위가 깨진다 159

12. 국어가 수학에 앞선다　162

본시동근생(本是同根生) 165 | 말로 하는 수학 공부의 중요성 167 | 언어와 수학을 결합한 수리철학과 컴퓨터 171

13. 비빔밥도 벡터, 사람도 벡터　174

벡터를 보는 두 가지 관점 177 | 우주 만물은 벡터공간상의 벡터 179 | 우리 음식의 오묘함과 표준화 181

14. 세상에서 가장 무서운 것　185

인간의 2대 특징: 외적으로는 직립보행, 내적으로는 자의식 188 | 자의식과 예술 189 | 자의식 과잉과 역지사지(易地思之) 192 | 알츠하이머병과 자의식의 파괴 194

15. '1'의 의미를 되새기며　197

1은 모든 수의 기원 200 | 만물은 무(無)로부터 202 | 정수가 신의 작품? 205 | 'Normal distribution'은 '정상분포'? 208

16. 신념과 편견은 종잇장 차이　210

피타고라스의 음악 사랑 213 | 음악과 수학 215 | 절대공간의 불가능성과 뉴턴 219 | 주사위 놀이를 싫어한 아인슈타인 221 | 괴팍한 천재 쇼클리 222

17. '퍼센트 포인트'를 아시나요 224

'변화'야말로 불변의 현상 227 | '변화량'과 Δ(델타) 229 | 변화율과 변화량, 퍼센트와 포인트 230 | 수치의 실상과 허상─올바른 숫자감각을 갖자 232

18. 한자교육에도 과학이 있다 235

승차감 대 주행안정성 238 | 열린 언어교육 242 | 한자 병기의 필요성 244 | 과학적인 한자교육 247

19. 디지털과 아날로그 250

최초의 디지털은 필산(筆算) 253 | 도처에 널려 있는 아날로그 현상들 254 | 아날로그-디지털 변환과 디지털-아날로그 변환 257 | 디지털과 아날로그의 구별 260

20. 창의력은 가둘 수 없는 새 263

중성미자는 수수께끼의 입자 266 | 프로테오믹스(proteomics)의 문을 열다 269 | 도와주되 가두지 말고, 스스로 갇히지도 말자 274

21. 여백의 미학 277

'무(無)'의 관념과 '0'의 탄생과의 관계 281 | 무에 대한 친밀감과 두려움 284 | 여백을 소중히 하자 287

찾아보기 290

들어가면서

　이 책은 주간지『한겨레 21』에 연재중인 과학 칼럼 '고중숙의 사이언스 크로키'에 실렸던 글들을 모으고 내용을 보충한 것이다.
　'크로키(croquis)'는 프랑스어로서 대상의 주요 특징을 짧은 시간에 포착하여 묘사하는 그림을 말한다. 이와 비슷한 말로는 '스케치(sketch)'가 있으며 보통 주그림을 그리기 위한 밑그림이라는 뜻으로 많이 쓰인다. 그런데 크로키는 스케치보다 간결하면서도 독립성은 오히려 더욱 두드러지는 것 같다. 즉 때로 스케치처럼 밑그림으로 쓰이기도 하지만 대개는 그 자체로 하나의 완결성을 가진 작품으로 남겨진다. 미술작품은 이처럼 완성작으로 남으므로 나중에 다시 가필을 하는 것은 바람직하지 못할 것이다. 모자란 듯 아쉬운 부분이 많더라도 보는 이들의 상상에 맡기는 편이 훨씬 깊은 풍미를 전해줄 수 있으리라 여겨진다.
　과학 칼럼의 경우에는 사정이 좀 다르다. 내가 쓰는 칼럼은 크로키처럼 간결하다. 따라서 내세운 주제에 관련된 내용을 최대한 압축해서 써야 한다. 그런데 이러한 압축성과 간결성은 아주 좋은 장점임과 동시에 커다란 스트레스와 아쉬움의 근원이기도 하다. 스트레스는 시간이 흐르면 사라진다. 그러나 아쉬움은 그 뒤에도 남는다. 이런 점에서 볼 때 '예술적 여운'은 그대로 남기는 것이 좋겠지만 '과학적 여운'은 좀더 설명하는 것이 좋을 것으로 여겨진다. 무엇보다 그 배경에는 단순한 상상을 넘어서는 과학적 지식이 자리잡고 있기 때문이다.

  '한겨레 21'이라는 제목에 들어 있는 21세기라는 시간적 상징성에 맞추어 21개의 화두로 책을 엮었다. 각각의 이야기는 간결성과 확장성이라는 두 측면을 모두 살리기 위하여 칼럼의 원문을 그대로 실은 뒤에 관련되는 배경 지식을 수록했다. 이를 읽어가는 과정은 소 같은 반추동물들의 되새김질에 비유할 수 있겠다. 우선 전반적인 내용을 섭취한 뒤 여유를 갖고 세부적인 내용을 되새김하는 식으로 구성되었기 때문이다. 이것이 단순한 비유에 머물지 않았으면 하는 바람이 있다. 비록 바쁜 현대 생활 속에서 살고 있지만 느릿한 반추 가운데 유익하고 소중한 인연의 시간이 되기를 기대한다.

2003년 2월 향림골에서
고중숙

1. 김병현과 방울뱀

　미국의 프로야구, 그것도 메이저리그에서 당당히 활약하고 있는 한국인 투수 가운데 김병현 선수가 있다. 김 선수가 속한 팀은 애리조나 다이아몬드백스Arizona Diamondbacks. 김 선수와 소속팀의 이름 사이에는 꽤 흥미로운 인연이 있다.

　다이아몬드백스는 '다이아몬드 무늬의 등'이란 뜻이다. 방울뱀rattlesnake의 등에 새겨진 무늬를 말한다. 이 뱀은 애리조나의 사막에 많이 산다. 꼬리를 흔들어 방울 소리를 내므로 이런 이름을 갖게 되었다.

　방울뱀에게는 또다른 특징이 하나 있다. 바로 보통 뱀과 달리 '옆으로 기어간다'는 점이다. 보통 뱀의 경우 머리가 지나간 곳을 몸통과 꼬리가 그대로 따라간다. 그래서 구불구불한 곡선이 그려진다. 그러나 방울뱀은 몸을 교묘하게 S자로 뒤틀면서 옆으로 간다. 그 자취도 길게 늘인 S자가 나란히 나열된 형태이다. 이 때문에 방울뱀을 사이드와인더sidewinder, 즉 '옆으로 꼬는 놈'이라고도 부른다.

방울뱀의 이 특성은 수학 시간에 '차원dimension'의 개념을 설명할 때 즐겨 인용된다. 보통 뱀은 곡선상으로만 움직이므로 1차원적 존재다. 그러나 방울뱀은 곡선을 벗어나서 움직이므로 2차원적 존재다. 방울뱀의 이런 특성은 사막의 뜨거운 모래 위를 잘 지나가기 위한 노력의 결과로 보인다. 몸통과 꼬리가 하염없이 머리만 쫓다가는 뜨거운 모래 위에서 '장어구이' 비슷한 '뱀구이'가 될지도 모른다. 그러나 조금씩 점프를 하면서 옆으로 나아가면 모래와의 접촉이 잠깐씩이나마 차단되므로 뱀구이 신세를 면할 수 있다.

비슷한 예로는 심장 근육이 있다. 우리는 운동이라고 하면 팔이나 다리의 운동부터 떠올린다. 하지만 일생 동안 운동량이 가장 많은 기관은 바로 심장이다. 심장은 죽는 순간까지 멈출 수 없다. 따라서 오래 쉴 수도 없다. 박동이 잠깐씩 멈추는 동안에 휴식을 취하는 것이 고작이다. 마치 방울뱀이 잠깐 동안의 점프를 이용하여 몸을 냉각시키는 것과 같다. 이유야 어떻든 방울뱀은 보통 뱀의 행태를 떠나 새로운 차원을 개척했다는 점에서 대견스럽기도 하다. 우리도 어떤 특출난 활약을 보이는 사람을 가리켜 '차원이 다르다'고 말하곤 한다.

사이드와인더라는 이름은 다른 데에도 쓰인다.

첫째는 미국이 개발한 공대공空對空 미사일의 이름이다. 예전의 미사일은 처음 발사한 방향으로만 진행하므로 명중률이 낮았다. 그러나 사이드와인더는 적기의 엔진에서 나오는 적외선을 따라 이리저리 방향을 바꾸며 기어코 쫓아간다. 둘째는 야구에서 몸을 옆으로 뒤틀며 공을 던지는 투수를 가리킨다(투수가 공을 던지기 전에 하는 예비 동작을 와인드업windup이라 하며 '몸을 위로 꼬아 올린다'는 뜻이다). 김 선수는 '한국형 핵잠수함'이란 별명을 갖고 있다. 그러나 실제로는 언더핸드underhand에 가까운 사이드암sidearm이다. 약간 변형된 사이드와인더인 셈이다. 그래서 그런지 그의 공은 변화가 심하여 '마구'라고 불릴 정도다. 텔레비전에 비치는 궤적은 정말 방울뱀을 연상시킬 정도로 변화무쌍하다. 한마디로 소속팀의 이름과 천생연분이다.

　김 선수는 2001년 월드시리즈에서 불의의 홈런 두 방을 맞아 큰 위기를 겪었다. 그러나 다행히 팀이 우승하여 신변과 마음에 큰 굴곡 없이 2002년 시즌을 보냈다. 앞으로 더욱 기량이 좋아져서 새해에도 진정한 다이아몬드백스의 위력을 보여주리라고 기대해 본다.

애리조나의 방울뱀 김병현

김병현은 사이드암(sidearm)으로선 드문 150km/h 전후의 빠른 직구를 갖고 있다. 아무리 빨라야 140km/h 초반인 다른 사이드암 투수에 비하여 두드러진다. 그 배경 또한 재미있다. 중3 시절까지는 김병현도 정통파였다. 그런데 당시 그를 맡았던 최양식 감독이 잠수함 투구로 바꾸게 했다. "그때도 병현이는 140km/h를 웃도는 강속구를 뿌렸습니다. 그러나 컨트롤이 엉망이었습니다. 그래서 언더핸드(underhand)로 던져보기를 권했더니 스피드가 준 대신 제구력이 늘더군요"라는 것이 최 감독의 회상이다. 미국의 스포츠 인터넷사이트인 espn.com의 스카우팅 리포트는 "언더핸드에 가까운 사이드암인 김병현의 공은 때리기 힘들다. 그런 투구 폼으로 시속 92마일(약 147km/h)의 직구를 던진다. 그는 또 치솟아 오르면서 옆으로 넓게 휘는 슬라이더를 갖고 있다"고 설명했다. 요컨대 김병현의 주무기는 '빠른 직구'와 '슬라이더(slider)' 및 '업슛(up shoot)'이라고 불리는 커브(curve)다. 김병현의 슬라이더도 위로 치솟다가 옆으로 휘는 것은 다른 투수와 다른 점이 없다. 그러나 휘는 각도가 다른 선수들이 따라올 수 없을 정도로 크다. 타자의 팔이 길어도 공을 제대로 맞히기 힘들다. 업슛은 떠오르는 커브다. 일반적으로 위에서 아래로 떨어지는 커브만 경험했던 타자들이 당황할 수밖에 없다. 하지만 오늘의 주무기가 내일도 계속 통하라는 법은 없다. 따라서 그는 이에 만족하지 않고 계속 다양한 구질을 개발하여 타자들을 앞서가려고 노력하고 있다.

[그림 1] 김병현 선수의 역동적인 투구 폼(사진—굿데이 신문)

뱀도 달린다?

〔그림 2〕에는 방울뱀의 등에 있는 다이아몬드 형태의 무늬가 잘 드러나 있다. 〔그림 3〕은 사막의 모래 위에서 사이드와인딩(sidewinding)을 하는 방울뱀의 모습이다. 사이드와인딩은 변칙적인 방법이라서 느리다고 여길지 모른다. 그러나 실제로는 뱀의 운동 방식 중에서 가장 빠르다. 말하자면 '뱀의 달리기'인 셈이다. 다만 주로 사막에 사는 뱀들에서만 볼 수 있다. 이밖에 뱀의 운동 방식에는 '물굽이법' '굴신법(屈伸法)' '직진법'이 있다. 물굽이법은 가장 일반적인 방식으로 머리-몸통-꼬리가 강물이 굽이치며 흐르듯 나아간다. 굴신법은 몸의

〔그림 2〕 방울뱀

[그림 3] 사이드와인딩으로 움직이는 방울뱀의 모습

전반부와 후반부를 교대로 굽혔다(屈) 폈다(伸) 하여 나아가는 방법이다. 바닥이 매끄럽거나 좁은 장소 등 물굽이법이 곤란한 경우에 쓰인다. 직진법은 몸통이 굵은 뱀이 주로 사용한다. 배 쪽의 피부를 마치 지렁이가 기어가듯 움츠렸다 폈다 하면서 직진한다. 이 방법은 먹이에 은밀하게 다가설 때 유리하다. 사이드와인딩에 맞추어 비유하자면, 물굽이법은 '걷기', 굴신법은 '높은 포복', 직진법은 '낮은 포복' 이라고 말할 수 있다.

심장의 운동

심장의 운동을 이해하는 데에는 심전도가 도움이 된다. 심전도는 심장전기도(electrocardiogram)의 약칭이며 보통 ECG로 쓴다(독일어에서 따와 EKG로 쓰기도 한다). 그 특징적인 부분들은 노벨 의학상을 받은 에인트호벤(W. Einthoven, 1860~1929)의 명명에 따라 P, Q, R, S, T, U파(波)라고 부른다.

심장 근육은 일반 근육과 달리 박동 자극을 스스로 만들어낸다. 이를 심근의 자동성(自動性)이라고 하며 동방결절(洞房結節)이 담당한다. 우리는 흔히 심장 전체가 동시에 수축 팽창을 하는 것으로 생각한다. 그러나 그림에서 보듯이 심장 근육은 '위→아래'의 순서로 작동한다. 마치 운동 경기의 응원을 할 때 '파도 타기'를 펼치는 것과 같다. 이 자극의 전달 순서는 '동방결절(좌우의 심방을 수축)→방실결절(房

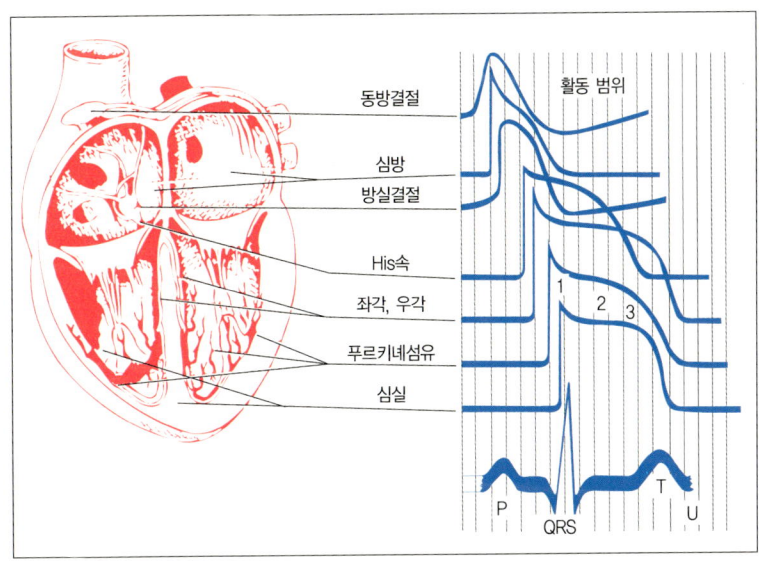

〔그림 4〕 심장과 심전도

室結節)→ 히스색(His素, 히스속His束이라고도 부른다)-› 푸르키네(Purkinje)섬유(좌우의 심실을 수축)' 다. 그러나 이 자극 신호의 제어(박동수와 세기의 조절)는 연수(延髓)에 연결된 자율신경에 의하여 길항적으로 이루어진다. 즉 자율신경 가운데 교감신경은 촉진, 부교감신경은 억제한다. 심장이 쉴 수 있는 시간은 좌심실이 한 번 수축하여 혈액을 온몸으로 내보내고 난 후 0.5초 가량이다. 언뜻 짧은 것 같으나 하루로 계산하면 약 15시간의 휴식에 해당한다. 비록 나머지 9시간의 운동이 벅차기는 하지만 그런 대로 충분히 쉬는 셈이다.

히스색의 '색' 은 한자로 '素' 이다〔'히스' 는 스위스의 해부학자 빌헬름 히스(Wilhelm His, 1831~1904)를 가리킨다]. 그리고 '索'은 '동아줄 삭' '쓸쓸할 삭' '찾을 색'으로 새긴다. 각각의 예로는 삭도(索道, 케이블카 설비), 삭막(索莫), 색출(索出)이 있다. 이에 비춰볼 때 히스색은 '밧줄처럼 보이는 신경섬유의 다발'이므로 '히스삭'이라고 불러야 옳다. 그러나 현재 대부분의 교재나 참고서 그리고 기타 자료에서는 거의 '히스색'으로 쓰고 있다.

차원의 비교

차원과 비슷하게 쓰이는 말에 '운동 자유도'가 있다. '운동할 수 있는 방법의 가짓수'란 뜻이며 아래 표를 보면 쉽게 이해할 수 있다.

차원 (운동 자유도)	0	1	2	3
각 공간의 이름	점	선	면	입체
가능한 운동 방향	운동 불가능	전후	전후 · 좌우	전후 · 좌우 · 상하
그림을 통한 이해	·	(선)	(면)	(입체)

1차원은 선이다. 그런데 이 선을 '직선'으로 생각하는 경우가 많다. 하지만 '1차원으로서의 선'은 직선뿐 아니라 곡선도 포함한다. 마찬가지로 '2차원으로서의 면'도 평면뿐 아니라 곡면도 포함한다. 직선이 곡선으로 '휘는'(만곡 彎曲) 모습은 1차원 내에서는 직접 볼 수 없다. 2차원 이상의 공간에서 봤을 때 보인다. 평면이 곡면으로 휘는 모습은 3차원 이상의 공간에서 보인다. 마찬가지로 우리가 현재 살고 있는 3차원 공간이 휘었는지의 여부는 우리 스스로는 직접 볼 수 없고 오직 간접적 방법으로만 알 수 있다.

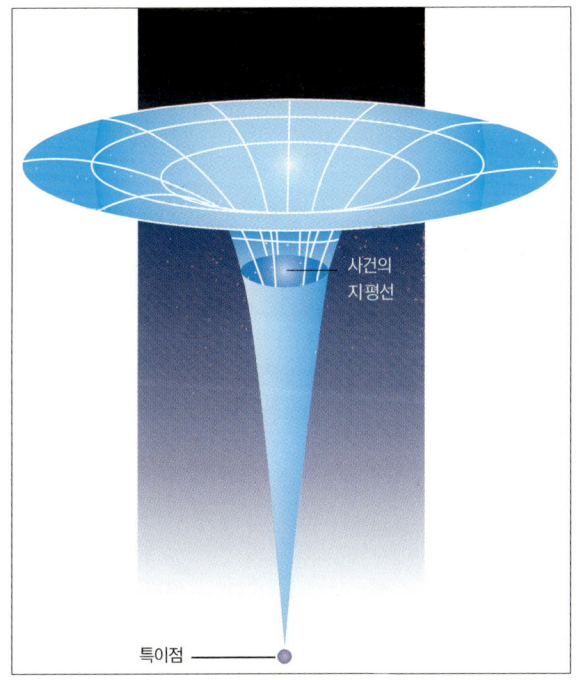

〔그림 5〕 특이점과 사건의 지평선

[그림 6] 블랙홀의 상상도

우리가 살고 있는 3차원 공간은 질량의 존재에 의하여 휜다. 이를 밝혀낸 이론이 바로 아인슈타인의 일반상대성이론이다. 그리고 그 가장 극적인 예가 블랙홀이다. 그림에서는 이해의 편의상 블랙홀을 2차원 평면이 3차원 공간에서 만곡된 모습으로 나타냈다. 3차원 공간의 만곡을 직접 보려면 4차원 공간에서 관찰해야 한다. 따라서 우리로서는 그 형상을 직접 보거나 묘사할 수는 없고 오직 머릿속에서 상상할 수 있을 뿐이다. 여기서 '특이점(特異點, singular point)'은 블랙홀의 중심으로서 물질의 밀도가 무한대인 점을 말한다. 또 '사건의 지평선(event horizon)'은 그 안으로 빠질 경우 다시는 외부로 빠져나올 수 없는 한계선을 뜻한다. 블랙홀과 외부 공간 사이의 경계인 셈이다.

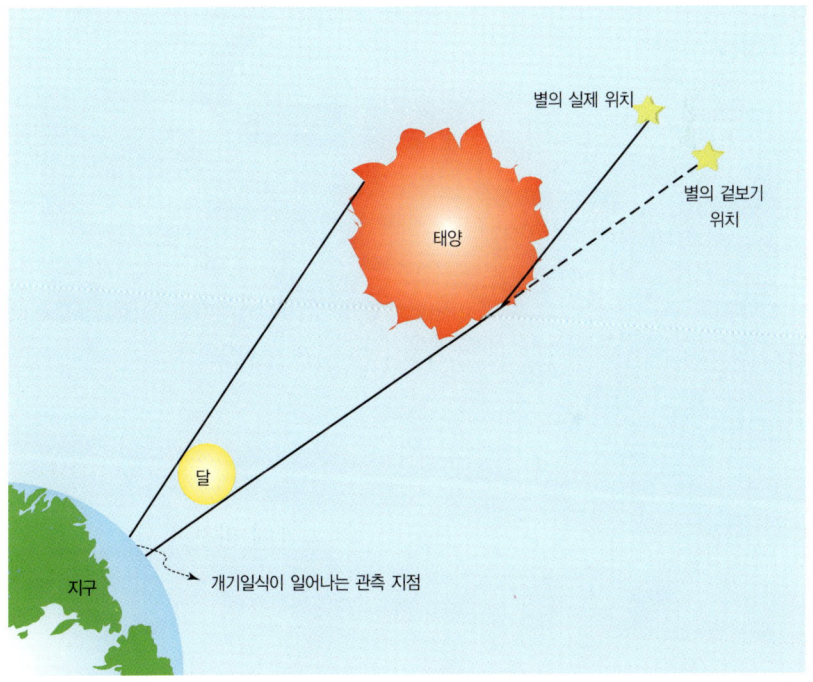

[그림 7] 중력에 의한 빛의 휘어짐. 블랙홀뿐 아니라 어떤 물체든 질량만 있으면 주변의 공간이 휜다. 그러나 보통의 경우 그 정도가 극히 미미해서 탐지하기 어렵다. 태양만큼의 질량이 되어야 겨우 알아차릴 정도다. 실제로 태양 주위에서 별빛이 휘는 현상은 일반상대성이론을 최초로 검증하는 데에 쓰였다.

사이드와인더 미사일

사이드와인더 미사일은 1940년대 말부터 개발되어 1956년에 처음으로 실전 배치되었다. 이후 계속 발전을 거듭했으며, 오늘날에도 전투기의 필수적인 무기로서 확고한 지위를 누리고 있다. 그에 따라 미국뿐 아니라 세계 각국에서 수많은 종류가 생산되고 있다.

〔그림 8〕 사이드와인더 미사일의 최근 모델인 AIM9

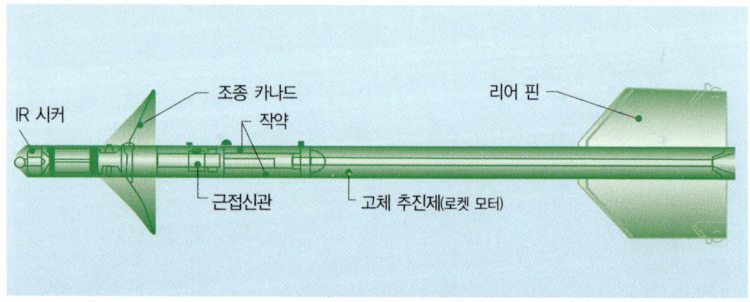

〔그림 9〕 1970년대에 개발된 AIM-9L형 사이드와인더 미사일의 기본 구조. 이처럼 간단하면서도 신뢰성이 높아서 이후 모든 적외선 유도 미사일의 설계에서 표준이 되었다.

2. 언제부터 생명인가

요즈음 '배아복제'에 관한 연구의 허용 여부를 놓고 논란이 뜨겁다. 보통의 배아는 정자와 난자가 수정을 함으로써 형성된다. 그러나 배아복제에서의 배아는 수정이 아닌 치환에 의하여 만들어진다. 난자의 핵을 제거하고 그 자리에 체세포에서 추출한 핵을 넣는다. 이렇게 만들어진 배아는 한 가지 점에서 보통의 배아와 결정적으로 다르다. 보통의 배아는 부모로부터 유전형질을 반반씩 물려받는다. 그러나 핵치환으로 만들어진 배아는 체세포를 제공한 사람과 유전형질이 완전히 똑같다. 말 그대로 복사판이다. 그래서 이렇게 만들어진 배아를 '복제배아'라고 부른다('복제배아'를 만드는 일이 '배아복제'다. 글자 순서에 주목하면서 생각하면 쉽게 구별할 수 있다). 그리고 복제배아가 순조롭게 성장하여 출생하면 이른바 '복제인간'이 된다.

복제인간이 출현하고 창궐하면 수많은 문제가 야기된다. 그 폐해는 이미 여러 책과 영화 등을 통하여 잘 알려져 있다. 따라서 이 측면에서만 본다면 문제는 간단하다. 배아복제 연구를 금지해야 한다. 그러나 여기에는 한 가지 딜레마가 숨어 있다. 초기의 배아를 이용하면 이론적으로 인간의 모든 장기를 만들어낼 수 있다. 일부 장기 때문에 고통을 겪는 환자들에게 이 기술은 커다란 희망이다. 실제로 지금 이 순간에도 전세계의 수많은 환자들이 그에 대한 연구를 강력히 촉구하고 있다. 그러나 필요한 장기를 만들려면 복제배아를 파괴해야 한다. 장차 한 인간으로 출생할 가능성을 말살하는 것이다. 이런 문제점 때문에 지금껏 배아와 환자라는 대립 구도 속에서 힘겨운 논란이 이어져왔다.

  이 소용돌이 속에 여러 이슈가 제기되고 있다. 그 가운데서도 이른바 '생명의 정의' 문제는 가장 치열한 쟁점으로 보인다. 배아복제를 반대하는 종교계나 시민단체는 배아도 엄연한 생명체라고 주장한다. 따라서 아무리 초기라도 배아를 파괴하는 것은 허용될 수 없는 죄악이라고 한다. 그러나 배아복제를 촉구하는 환자와 생명공학자들의 얘기는 다르다. 그들은 초기의 배아는 단순한 '세포 덩어리'일 뿐 생명체가 아니라고 주장한다. 한낱 세포 덩어리에 얽매여 고통받고 있는 생명체로서의 환자를 외면하는 것이 오히려 더 큰 죄악이라는 것이다. 그들이 말하는 생명체 여부의 경계를 이루는 시기는 구체적으로 배아 형성 후 대략 14일까지이다. 이때쯤 인간의 모든 기관을 만들어낼'원시선 原始線 primitive streak'이라는 구조가 나타나기 때문이다.

 현재로서 이 논쟁의 귀결을 예단하기는 어렵다. 정부도 배아복제 연구는 몇 년 후에 다시 논의할 예정이라고 한다. 그러나 최종 판단이 어떻게 내려지느냐에 상관없이 여기서 지적하고 싶은 것이 있다. 생명의 정의 문제는 그런 판단의 대상이 될 수 없다는 점이다. '초기 배아 : 환자 = 무생명 : 생명'으로 보는 시각은 잘못이다. 그렇게 해서는 해결의 실마리를 찾을 수 없다. 단적인 예로 '타이타닉의 선택'을 보자. 한정된 삶의 기회를 놓고 어린아이, 노인, 여자를 앞세웠고 어른 남자들은 뒤로 밀려났다. 어른 남자는 생명이 아니어서 그랬는가? 생명임에도 불구하고 가장 인간적인 선택에 따랐을 뿐이다. 초기 배아를 무생물로 보면 언뜻 마음이 편할 것 같지만 결코 그렇지 않다. 배아를 경시하고 매매의 대상으로 삼아도 할말이 없게 된다. 배아보다 더 간단한 바이러스조차도 생명체로 보는 시각이 우세하다. 배아복제 문제의 진정한 해결은 모든 사람들이 배아의 생명성을 깊이 인식하는 선에서 출발해야 한다.

버큰헤드의 전통 : 어린이와 여자를 먼저!

재난 사고가 일어나면 관련된 사람들을 모두 구할 수 없는 경우가 많고, 불가피하게 선택이 이루어진다. 그리고 그때마다 가장 우선적인 구조 대상으로 어린이가 꼽힌다. 이어서 여자, 노인의 순으로 진행되며, 젊은 남자는 맨 마지막으로 밀려난다.

순서를 이렇게 정한 기준은 '생명의 가치'가 아니다. 인간의 생명에 대해서는 이른바 '절대적 생명 보호의 원칙'이란 것이 있다. 인간으로서 살아 있는 이상 누구의 생명이든 그 가치는 모두 무한하고 또 동등하다는 것에 바탕을 두고 있는 원칙이다. 따라서 아무리 흉악한 범죄인이라도, 또는 아무리 하찮게 보이는 사람이라도 그 생명은 법적으로 아무런 차별 없이 절대적인 보호를 받는다. 하물며 일반인들의 경우 성별이나 나이로 그 상대적인 가치를 평가할 수는 없다. 그렇다면 구조의 우선 순위는 과연 무엇을 기준으로 정해지는 것일까? 그것은 '자력적인 생존 가능성'이다. 다시 말해서 눈앞에 닥친 위기 상황을 벗어나기 위해 외부의 도움을 가장 많이 필요로 하는 사람부터 구해야 한다는 뜻이다.

이런 기준은 이른바 '버큰헤드의 전통(Birkenhead tradtion)' 또는 '선박 전통(ship tradition)'으로 알려져 있다. 1852년 영국의 버큰헤드 전함이 남아프리카의 거친 바다에서 조난당했을 때 수병(水兵)들이 어린이와 여자부터 구명선에 태운 후 자신들은 자리가 모자라 결국 희생되었던 사건에서 유래한 전통이다. 그러나 실제로는 이보다 훨씬 전부터 존재했던 전통이라고 봄이 옳을 것이다. 다만 버큰헤드 호의 사건에서 그것이 가장 극적으로 선명하게 실행되었고, 또 널리 알려졌기에 그런 이름이 붙었다고 이해할 수 있다.

어쨌든 여기서 우리의 관심을 끄는 것은 이와 같은 버큰헤드의 정신이 '배아'와 '환자'를 두고 펼쳐지는 작금의 논쟁에도 적용될 수 있을까 하는 것이다. 애석하게도 두 상황은 그 성격이 너무나 다르다. 따라서 이와 같은 예전의 전통은 적용될 수 없고, 이제부터 새로운 전례를 세워나가야 하는 상황이다. 그런 과정에서 생명과 인간의 본질을 중심으로 많은 논의가 진행되고 있다.

어디까지가 생명인가?

현대 과학의 눈부신 발전에도 불구하고 해결되지 않고 있는 문제 가운데 하나가 "생명이란 무엇인가?"라는 것이다. 이 문제가 해결되지 않음에 따라 다른 수많은 문제들도 덩달아서 미해결의 상태로 남아 있다. 예를 들어 "바이러스는 생물인가 무생물인가?"라는 것도 이에 해당한다. 바이러스는 배양이 되지 않고 오직 숙주 세포에 의존해서만 살아가며 소금이나 설탕 덩어리처럼 결정(結晶)을 이루기도 한다는 점에서 무생물로 보기도 한다. 그러나 유전과 증식이라는 두 가지의 중요한 생명체적 특성을 갖고 있으므로 오늘날 대개 생물로 간주한다.

그런데 근래에 바이러스보다 더 작은 병원체가 나타났다. 광우병의 병원체인 프리온(prion)이 그것이다. 프리온은 단백질을 뜻하는 '프로테인(protein)'과 바이러스가 숙주 세포 밖에서 독립적인 하나의 단위체로 존재하는 모습을 가리키는 '비리온(virion)'의 두 단어를 결합해서 만든 용어이다. 보통의 단백질은 병의 원인이 될 경우에도 무생물적인 독(毒)으로서만 작용한다. 그러나 프리온은 생물체의 몸, 특히 뇌 속에서 종래 볼 수 없었던 독특한 방법으로 증식하여 병을 일으키며, 그 생물체를 먹은 다른 생물체를 감염시키기도 한다. 이 때문에 광우병에 걸린 소의 고기를 섭취한 사람이 똑같은 증상을 일으키는 '인간 광우병'에 걸리는 것이다.

프리온이란 말은 미국 캘리포니아 주립대학의 프루시너(Stanley B. Prusiner, 1942~) 교수가 1982년에 처음 만들었다. 그는 이 단백질이 정상적인 구조를 하고 있을 경우에는 뇌세포의 활동에 중요한 역할을 수행하지만, 어떤 이유에 의하여 비정상적인 구조로 바뀌면 치명적인 뇌질환을 일으킨다고 주장했다. 그런데 한번 이렇게 비정상적인 구조로 변형된 프리온은 다른 정상적인 구조의 단백질도 변형시킨다. 다시 말해서 증식하는 것이다. 그 상세한 과정은 아직 밝혀지지 않았지만 그 동안 모든 생명체의 증식은 유전자를 통해서만 이뤄진다고 여겼던 통념을 다시 검토하게 한 혁신적인 아이디어였다. 이 때문에 그의 이론은 처음 한동안 거부되었으나 1996년 영국 정부가 광우병의 인간에 대한 전염 가능성을 공식적으로 인정함으로써 마침내 완전히 공인을 받게 되었다. 그는 이 공로로 1997년 노벨 의학상을 수상했다.

프리온이 비록 생물의 핵심적 특성인 증식성을 갖기는 하지만 오늘날 우리가 이것을 생물로 인정하지는 않는다. 다만 '유사(類似) 생명체'라고 부를 뿐이다. 따라서 지금까지의 논의를 토대로 볼 때 생명의 한계는 바이러스까지라고 봄이 타당하다. 그리고 이에 비춰보면 유전 물질을 모두 갖추고 증식 과정에 들어서 있는 배아의 생명성은 당연히 인정되어야 한다.

한 가지 주목할 것은 이상의 내용은 어디까지나 생물학적 측면에서의 얘기라는 점이다. 예로부터 철학적 추상적 관점에서는 생명의 개념을 매우 폭넓게 보기도 했다. 그리하여 숲, 산, 강, 바다 등 어떤 생태계 전체를 하나의 생명체로 보기도 하며, 이를 더욱 확장하여 이른바 '가이아 이론(Gaia theory)'에서는 지구 전체를 그렇게 보기도 한다. 심지어 우주 전체에 대해서까지 확장하는 견해도 있다. 또한 이런 것과는 방향을 달리하여 컴퓨터와 인간의 결합체가 장차 새로운 생물로 등장할 것이라는 얘기도 있다. 그러나 이런 관점들은 아직까지 과학적으로 의미 있는 귀결에 이르지 못했으므로, 현재로서는 생물학적 관점을 가장 기본적인 입장으로 삼아야 할 것이다.

어디까지가 인간인가?

위에서 생명의 한계는 바이러스까지라고 했다. 그리고 그런 관점에서 볼 때 배아도 생명으로 봐야 한다고 했다. 그런데 여기에서 한 가지 혼동해서는 안 될 문제가 있다. 그것은 배아를 생명으로 인정하는 것과 거기서 더 나아가 인간으로까지 인정하는 것은 완전히 별개의 문제라는 점이다.

배아의 인간성 인정 여부는 어쩌면 생명성 인정 여부보다 훨씬 더 중대한 차원의 것이라고 볼 수 있다. 왜냐하면 인간적인 여러 가지 관점에서 볼 때 '무생물과 생물의 차이'보다 '인간 외의 생물과 인간의 차이'가 더욱 심대하기 때문이다. 단적인 예로 영국에서 시작된 광우병 파동 이래 현재까지 400만 마리 이상의 소가 도살되었다는 사실을 들 수 있다. 그토록 많은 소의 생명을 말살한 이유는 건강한 소를 지키기 위해서라기보다는 오직 인간의 생명을 지키기 위해서였다. 이처럼 인간의 생명을 놓고 볼 때 소는 사실상 무생물처럼 취급될 정도로 인간과 다른 생물의 생명은 큰 차이가 있다.

그러므로 이 점에서 볼 때 배아복제를 촉구하는 사람들이 "초기의 배아는 단순한 '세포 덩어리'일 뿐 생명체가 아니다"라고 주장하는 것은 초점을 잘못 맞춘 것이라고 할 수 있다. 다시 말해서 "세포 덩어리일 뿐 인간이 아니다"라고 주장해야 할 것을 잘못 얘기하고 있다는 뜻이다. 그리고 이렇게 해석하고 보면 배아의 생명성을 인정하는 것에 대해서는 실질적으로 아무런 문제 없이 이미 합의에 이르렀다고 볼 수 있다.

그러나 이와 같은 합의에도 불구하고 진짜 문제는 그대로 남아 있다. 우선 만일 배아를 그 자체로서 하나의 인간으로 인정한다면 그에 대한 어떤 종류의 복제 연구도 허용되어서는 안 된다. 여기에 대해서는 논쟁의 여지가 없으며 타협의 여지도 없다. 그렇다면 이제 남은 가능성은 하나뿐이다. 즉 배아를 생명으로 보기는 하되 인간은 아니라고 보는 경우이다. 그런데 이 경우에도 배아를 완전히 다른 동물의 생명처럼 취급할 수는 없다. 인간이 아닌 다른 동물처럼 본다면 생산, 실험, 매매의 대상은 물론 수백만 마리의 소를 도살하는 것과 같은 비극적인 행위를 허용하는 결과를 초래할 수 있기 때문이다. 따라서 이 마지막의 경우에서도 초기 배아는 '인간이 될 가능성이 있는 생명체'라는 특수한 관점에서 접근해야 한다.

이제 문제는 본격적인 단계에 들어섰으며, 실제로 지금까지의 주요 이슈는 바로 이것이었다. 배아는 과연 인간일까 아닐까? 이에 대하여 곧바로 대답을 하기는 곤란하다. 그래서 그냥 이대로 열린 문제로 두고자 한다. 다만 여기서는 이 문제와 비슷한 상황을 조금 살펴봄으로써 앞으로의 논의에 참고로 삼고자 한다.

먼저 우리나라의 법률적 관점에서는 태아(fetus)와 사람이 별개의 존재로서 구별되어 있다. 그리하여 태아는 특별한 경우에만 완전한 사람으로 인정받을 뿐 대개의 경우에는 사람보다 낮은 차원의 존재로 본다. 우리의 민법에서는 구체적으로 태아가 모체로부터 완전히 분리되는 순간부터 사람으로 본다. 따라서 출산 도중에 죽어서 사산되는 경우 그 태아에게는 상속권이 없다. 그러나 모체로부터 완전히 분리된 이후에 잠깐이라도 살았다가 죽는다면 그때는 상속권을 인정받는다. 한편 형법에서는 이와 또 조금 다르다. 형법에서는 '산통(産痛)이 시작될 때부터' 사람으로 본다. 형법이 이처럼 민법보다 조금 앞당겨서 태아를 사람으로 보는 이유는 이른바 '낙태죄'가 산통이 시작되기 전의 태아에 대한 범죄로 규정되어 있기 때문이다. 형법에서는 산통이 시작되어 분만되는 도중이거나 막 분만된 갓난아이를 영아(嬰兒)라고 불러 태아와 구별한다. 영아는 태아보다 더 성숙한 존재이므로 영아에 대하여 범죄를 저지를 경우 낙태죄보다 더 무거운 형벌을 받게 된다.

  이처럼 법률적으로 태아와 사람이 구별되는 점은 수긍한다고 치자. 그렇다면 법률적으로 볼 때 배아는 또 언제부터 태아로 인정되는가? 먼저 민법상으로는 일단 사람으로 태어나야 모든 권리가 주어지므로 언제부터 태아로 인정할 것인가 하는 것은 무의미한 질문이다. 그러나 형법에는 낙태죄가 있으므로 이 질문도 나름대로 의미가 있으며, 구체적으로는 수정란이 자궁내막에 착상한 때부터 형법상의 보호를 받는 태아로 인정된다.

  이상의 내용에서 우리 인간이라는 총체적인 존재는 '정자와 난자'로부터 시작하여 '수정란 → 배아 → 태아 → 사람(영아 포함)'에 이르기까지의 여러 단계가 각각의 관점에 따라 다양하게 파악된다는 점을 알 수 있다. 거기에는 어떤 절대적인 기준도 없고, 그나마 어떤 인간적인 기준을 만들었다 하더라도 그 경계 또한 항상 어느 정도의 모호성을 내포하고 있다. 결국 우리가 할 일은 주어진 상황의 모든 요소를 잘 고려하여 올바른 기준을 세우고 명확한 경계를 설정하는 것이다. 배아복제 문제에 관한 논의가 앞으로 어떻게 귀결될지 모르겠으나, 아무튼 최선을 다하여 가장 바람직한 방향으로 매듭지어졌으면 한다.

한국에서 복제인간 탄생?

배아복제 연구에 내포된 커다란 문제점 때문에 세계 각국은 그에 대한 규제를 상세히 정한 법률을 잇달아 제정하고 있다. 우리나라도 1997년 영국에서 복제양 '돌리(Dolly)'가 출현한 것을 계기로 사회적으로 관심이 높아졌으며, 그에 따라 관련 법률의 조속한 제정이 요구되어왔다(나중에 정확한 법률 명칭이 정해지겠지만, 현재로서는 보통 '생명윤리법' 또는 '생명윤리기본법'이라고 부르고 있다). 그러나 대립하는 세력들 사이의 견해 차이가 좁혀지지 않아 아직까지 실현되지 못하고 있다.

이 분야에서 법률적으로 가장 진보적인 입장을 취하는 나라는 역시 영국이다. 영국에서는 수정 후 14일 이전까지의 배아를 이용하는 연구는 허용하고 있다. 세계 최초로 복제양 돌리를 탄생시킨 연구가 영향력을 크게 미친 것으로 여겨진다. 예로부터 새로운 기술에 민감한 속성이 이번에도 그대로 드러났다고나 할까, 일본도 이를 좇아 똑같이 허용하는 입장을 취했다. 그러나 두 나라 모두 수정 후 14일이 지난 배아에 대한 연구는 엄격히 금지했다. 그런 연구는 곧바로 복제인간의 출현으로 이어질 수 있기 때문이다.

미국은 이에 비하여 다소 보수적인 입장이다. 정부 및 공공 연구기관에 의한 배아복제 연구는 금지하는 반면 민간 기업에 의한 연구는 부분적으로 허용했다. 그러나 어찌 보면 이것은 눈 가리고 아옹하는 격이다. 명분은 명분대로 유지하고 실리는 실리대로 취하자는 이중적인 태도가 드러나 있다. 주요 선진국들 가운데 독일이 가장 보수적이다. 2차 세계대전 때에 유태인을 대상으로 악명 높은 생체 실험을 했던 역사적 경험 때문에 그런 입장을 취할 수밖에 없는 사정이 있다(이 점에서도 일본은 독일과 큰 대조를 이룬다. 일본도 2차 세계대전중 잔인한 생체실험을 행했다. 그러나 배아복제 연구와 관련해서는 별다른 반성의 기미가 없다).

　이러한 세계적인 추세에 비춰볼 때 우리나라도 서둘러 적절한 대책을 세워야 한다. 그러나 이런저런 사정 때문에 미뤄져오더니 결국 지금까지도 빈손으로 남아 있다. 하지만 문제는 이런 공백 상태가 그냥 공백 상태로만 머물지 않는다는 데에 있다. 생명윤리법은 배아복제뿐 아니라 인간복제의 내용도 담고 있다. 그런 법이 없다는 것은 우리나라에서 인간복제가 실제로 행해지더라도 막을 길이 없다는 것을 뜻한다("'속도위반'이 맞으려면?"의 죄형법정주의 참조). 우리나라는 생명공학의 분야에 관한 한 선진국과의 기술 격차가 그다지 크지 않다고 평가된다. 반면에 그에 대한 법적 규제는 전혀 없는 형편이다. 따라서 현재로서는 우리나라가 복제인간이 출현할 최적의 후보지 가운데 하나로 꼽힌다. 과연 그런 사태가 실제로 발생한다면 우리나라의 국제적 위상은 어찌 되고 관련 책임자들은 뭐라고 변명할까? 이제라도 지혜를 모아 하루빨리 원만한 해결이 도출되도록 노력해야 할 것이다.

3. 즐거움이라는 함수

　미국의 과학자들에게 "왜 과학을 하느냐?"고 묻는다면 뭐라고 대답할까? 정확한 근거는 없으나 여러 글에서 보고, 또 실제로 얘기해본 사람들의 견해를 종합해서 말한다면 그것은 바로 'fun'이다. fun의 의미는 장난, 쾌락 등에서부터 고답적인 내용까지 포함하므로 그 폭이 매우 넓다. 그러나 여기서의 의미를 우리말로 옮기면 대략 '즐거움' 정도에 해당한다. 똑같은 질문을 우리나라 과학자들에게 하면 어떨까? 다양한 답이 예상되며, 굳이 열거하고 싶지는 않지만, 적어도 한 가지 분명한 것은 '즐거우니까' 또는 '즐기기 위하여'라는 답은 상당히 드물 것이란 점이다.

　물론 미국 과학자들이라고 해서 즐거움만으로 가득 찬 과학을 하는 것은 아니다. 그들도 연구나 실험을 하면서 "Life is terrible!" (딱히 뭐라 옮기기는 곤란하고, 느낌으로 파악함이 좋겠다)이라고 투덜

거리기도 하고 "Science is beautiful only in books(과학은 단지 책 속에서만 아름답다)"라고 말하기도 한다. 그러나 기본 자세는 역시 과학 활동 자체에서 즐거움을 찾으려는 것이다. 때로 실망이나 좌절이 오더라도 이런 자세로 극복해간다.

히딩크 감독이 이끄는 축구 대표팀이 이번 월드컵에서 기대 이상의 좋은 성적을 거두었다. 이전에는 우리나라에서 가장 뛰어나다는 감독들이 축구 대표팀을 이끌었다. 그러나 여러 사정상 외국인 감독이 맡게 되었다. 이 때문에 말도 많았지만 성적에 상관없이 최소한 축구에 대한 그의 관점은 높이 평가하고 배워야 한다. 다른 것은 제쳐두고, 그가 교체 선수를 투입할 때 등을 두드리며 "Go get some fun"이란 말을 했다는 보도를 생각해보자. 항상 애국심이나 책임감 등에 억눌려온 우리 선수들에게 얼마나 잘 먹혀들지 모르겠다. 그러나 축구를 보는 마음 자세가 우리와는 근본적으로 다르다는 점이 이 한마디에 잘 압축되어 있다.

히딩크 감독은 또한 '창의적 플레이'를 유난히 강조한다. 우리 선수들에게 무엇을 제시하면 적응과 소화는 비교적 잘한다고 한다. 하지만 그것을 넘어서는 창의적 플레이는 드물다고 지적한다. 그런데 'fun'과 '창의적 플레이' 사이에는 아주 긴밀한 함수 관계가 있다. 그리고 이 점은 과학 활동에서도 마찬가지다.

수학의 한 기법으로서, 함수의 최대값을 구할 때 쓰는 라그랑주 방법Lagrange's method이란 것이 있다. 이를 설명하는 데는 용돈의 비유가 아주 적절하다. 학생들이 용돈을 받으면 영화 관람, 맥주값,

데이트 등에 쓴다. 이리저리 궁리하며 알뜰살뜰 쪼개 쓰는 이유는 한마디로 '주어진 용돈의 범위'에서 '최대한의 fun'을 얻기 위함이다. 수학적으로 말하면 이 fun은 영화, 맥주, 데이트 등을 변수로 갖는 다변수함수다. 그리고 "주어진 용돈의 범위라는 제한 조건 아래 fun이라는 함수의 최대값을 구하려는 것"이 바로 '용돈 사용의 문제'다.

이렇게 바꿔보면 딱딱한 수학 문제가 아주 친밀한 일상적 문제로 다가선다. fun은 인생의 여러 측면을 변수로 갖는 함수function이다. 따라서 이 관점은 과학이나 축구에도 그대로 적용될 수 있다. 과학을 하면서 어려운 점도 많고, 축구를 하면서 애국심이나 책임감 등 부담감도 많다. 하지만 어디까지나 그 기본 자세는 'fun을 최대화하려는 노력'이라고 보면 된다. 그래야 즐거운 과정 속에 창의적인 성과가 꽃필 것이다.

왜 과학을 하느냐고 묻거든…

앞의 첫 문장에서 제기한 "왜 과학을 하느냐?"라는 질문은 그리 드문 질문은 아니다. 다만 이와 관련해서 내 기억에 남는 상황이 하나 있다. 미국 유학 생활중에 실험실에 같이 있던 미국인 학생이 어느 날 내게 바로 이 질문을 던졌다. 나는 순간 좀 당황했다. 평소에 조금씩 알게 모르게 생각해오기는 했을 것이다. 그러나 막상 그런 질문을 직접 받았을 때는 느낌이 달랐다. "그러고 보니 '과학을 왜 하는가'에 대하여 깊이 생각해보지도 않은 채로 내가 이러고 있는 것 아닌가?"라는 생각이 머리를 스쳤다. 어쨌든 나는 "너는 어떻게 생각하느냐?"라고 반문했다. 그랬더니 그는 예상대로 조금도 머뭇거리지 않고 "It's fun! What else?"라고 대답했다. 추측컨대 당시 그는 뭔가 힘들고 잘 풀리지 않는 때였던 것 같다. 그래서 스스로는 물론 내게도 그런 질문을 새삼스레 던졌던 것으로 여겨진다. 그는 그 답을 하고 나서 혼자 뭔가를 재확인하고 다짐하는 듯한 모습을 보였다. 그리고 다시 자신의 일로 돌아갔다.

언젠가는 내 쪽에서 미국에서 오랫동안 교수 생활을 한 60대의 한국인 과학자에게 이와 비슷한 질문을 한 적이 있다. "교수님은 어떻게 이 일을 하게 됐습니까?"라고 여쭤봤다. 그랬더니 아주 자연스러운 어조로 "이거 재미있지 않아요? 그래서 하게 됐죠"라고 대답했다. 어찌 보면 기운 빠지는 대답이랄 수도 있다. 그러나 그 대답을 들었을 때 경망스럽다거나 또는 생각의 깊이가 얕다거나 하는 느낌은 전혀 들지 않았다. 오직 아주 맑은 생각이라는 느낌이 전해졌다. 이어서 평생을 바친 그 노교수의 연구 생활을 뒷받침한 근거가 감지되는 듯했다. "다른 무엇보다도 이렇게 투명하고도 순수한 감정이 그 깊은 천착(穿鑿)의 원동력이었겠구나"라는 생각이 절로 들었다.

다른 예들도 많다. 그러나 과학자로서 자신의 길을 맘껏 즐기면서 살았던 사람을 들라면 역시 미국의 물리학자 리처드 파인만을 빼놓을 수 없다. 그의 자유분방한 성격과 물리학자로서 인생을 한껏 즐기는 모습은 스스로 쓴 자전적인 책 『파인만 씨, 농담도 잘하시네!*Surely You're Joking, Mr. Feynman!*』에 잘 그려져 있다. 이 책은 과학자뿐 아니라 일반 독자에게도 널리 읽히는 스테디셀러로 자리잡았다. 미국의 과학저술가 탐 지그프리드(Tom Siegfried)는 그 책의 내용을 토대로, "그는 물리학자의 틀을 훨씬 뛰어넘는 사람이었다. 예술가였고 과학 역사상 가장 위대한 봉고(bongo) 연주자로서의 음악가였다. 신혼 여행 동안에는 마야 천문학(Mayan astronomy)의 전문가가 되었다. 일본을 여행하기 전에는 혼자서 일본어를 배웠다. 2차 세계대전중 '원자폭탄 제조 프로젝트'에 참여했을 때에는 자물쇠와 금고 열기를 배웠다. 그의 육군 입대는 거절되었다. 정신과 의사가 그를 미쳤다고 판정했기 때문이다. 하지만 마침내 노벨 물리학상을 받았는데, 이는 그의 가장 미친 듯한 아이디어가 옳은 것으로 드러났기 때문이었다"라고 그를 묘사했다.

최근에 초등학교부터 미국에서 교육을 받고 국내 대학에 자리잡은 한 한인 학자의 이야기가 신문에 소개되었다. 글의 내용과 관련하여 그

[그림 10] 리처드 파인만
(Richard Feynman, 1918~1988)

의 말에 특기할 만한 점이 있어 기사의 몇 군데를 인용해보기로 한다.

기자가 물리학에 뛰어든 이유를 묻자, "재미있기 때문"이란 싱거운 답을 던졌다. "세계 역사를 바꾼 과학적 성과물은 대부분 연구를 즐긴 사람들이 만들어냈습니다. 한국에 와서 깜짝 놀란 것은 학생들이 성적에 맞춰 학과를 정한다는 겁니다. 재미를 느끼지 못한다면 세계적인 연구 결과는 절대 나올 수 없습니다. 공부를 잘하는 것과 연구를 잘하는 것은 별개입니다." 앞으로의 계획을 묻자 "재미가 없어질 때까지 물리학에서 내 분야를 연구하겠다"고 했다. 재미가 없어지면? 대답은 이랬다. "글쎄요, 다음엔 수학이나 철학에 미칠지도 모르죠."

서구 사회에서 'fun' 이라는 관념은 그저 몇몇 사람의 사고방식이 아니다. 그것은 하나의 '문화' 이다. 좀더 깊이 보자면 하나의 '사상 체계' 라고까지 말할 수 있다. 서구 사회의 풍물 중에는 배워야 할 것도 많고 배우지 말아야 할 것도 많다. 그런데 여기서 얘기한 'fun의 관념'은 배워야 할 것 중의 하나이다. 자연과학은 물론 기타 어떤 일을 하는 사람이건 각자의 생활 철학에 'fun' 을 접목시키는 것은 분명 바람직한 일이라고 생각된다.

지금껏 주로 서구 사회와 관련해서 얘기했다. 그러나 사실 말하자면 이른바 '학문의 즐거움' 이란 것의 원조(元祖)는 역시 공자라고 해야 한다. 공자의 『논어』 옹야(雍也)편에는 "지지자(는) 불여호지자(요), 호지자(는) 불여낙지자(니라)(知之者 不如好之者 好之者 不如樂之者)" 라는 구절이 나온다. 그 뜻은 "앎은 행함만 못하고, 행함은 즐김만 못하다"라고 풀이할 수 있다. 그런데 공자 이래로 유학은 매우 형식적인 틀에 얽매이고 말았다. 세계사를 둘러볼 때 유교를 바탕으로 한 중화 문화권만큼 형식주의가 엄격하게 지배했던 지역도 없다. 더구나 어찌된 일인지 중국 본토보다 그것이 전래된 우리나라에서 그 경향은 더욱 심했다고 한다.

그러나 우리 민족이 처음부터 그렇게 고루한 편은 아니었다. 오히려 예로부터 춤과 노래를 무척 좋아했다는 기록이 많다. 오늘날 노래방이 널리 퍼지고 또 굳게 자리잡은 것은 우연이 아니다. 국사에서 보듯이 고조선, 부여, 고구려, 동예, 옥저, 삼한 등 우리의 여러 고대 사회는 한결같이 각종 제천행사(祭天行事)를 가졌다. 물론 그 기본적 성격은 종교적 행사였을 것이다. 그러나 꼭 그에 얽매이지 않고 흥겨운 한마당의 잔치판을 벌였던 것으로 보인다. 이런 전통이 이어져서 "신명나게 논다" "신명나게 일한다"는 표현이 나올 정도가 되었다. 그러나 애석하게도 고대 사회 이후 우리나라는 너무나 많은 수난을 겪었다. 그리하여 어느덧 '순수한 신명'은 '한풀이적 신명'으로 탈바꿈했다. 흥겨운 가락 뒤에도 애수가 깔려 있으며, 한풀이 놀음판도 눈물로 끝맺는 때가 많았다.

애꿎은 불운은 축구에도 이어졌다. 차라리 아시아 예선에서 탈락하여 출전이나 못 했으면 어땠을까? 6·25 동란이 바로 엊그제였던 1954년 스위스 월드컵에서 우리나라는 너무나 충격적인 참패를 당하고 말았다. 헝가리에 9:0, 터키에 7:0. 이 가운데 헝가리에 당한 패배는 지금까지도 월드컵 역사에 기록으로 남아 있다. 그래서 이후 몇십 년 동안 우리 축구는 이에 대한 한풀이에 얽매이지 않을 수 없었다. 물론 우린들 축구를 즐거운 마음으로 해야 한다는 것을 모르지는 않았다. 그 동안 수많은 사람들이 지적해왔기 때문이다. 이번 월드컵이 열리기 전에 나온 지적을 하나 들어보자(『서른, 잔치는 끝났다』의 시인 최영미씨의 글).

한국 축구에는 기술을 뛰어넘는 예술이 없다. 감동이 없고 승부만 있다. 무조건 이기려고만 할 뿐 즐기지 못한다. 승부에 집착해 골이 들어가지 않는다. 들어갈 공도 골대에 맞고 퉁겨 나온다. 그런 뻣뻣함은 선수들만의 책임이 아니다. 국민들이 선수들을 그냥 두지 않는다. 방송, 신문, 인터넷, 심지어 지하철 광고까지 16강만 외친다. 우리 사회 전반의 무시무시한 획일성, 콤플렉스, 감상적 애국주의 등이 뒤섞인 한심한 작태다. 불쌍한 우리 선수들은 무늬만 신세대다. 남미나 유럽 선수들처럼 그들만의 자아를 한껏 풀어놓지 못한다. 그 동안 우리 축구는 한(恨)의 축구였다. 나라를 뺏기고 못 먹고 괄시받은 온갖 설움을 '슛! 골인'으로만 풀려고 했다. 그 답답한 속내를 내가 왜 모르랴. 하지만 이제는 체력으로 국력을 증명해야 한다는 집단 초조증에서 벗어나야 하지 않을까?

또한 한때 3년 동안 올림픽대표팀 감독을 지냈던 크라머(Detmar Kramer)도 다음과 같이 말했다.

한국팀은 정신적으로나 육체적으로 대단히 강하다. 새벽 6시에 일어나 수십 킬로미터를 달리는 등 한국팀의 훈련 방법은 마치 군대처럼 엄격하다. 그러나 병사를 길러내는 것이라면 몰라도 엄격함만으로는 훌륭한 선수를 육성하기 어렵다. 축구는 즐기는 법을 알아야 한다.

이제 2002 월드컵은 끝났다. 최영미씨의 책 제목을 빌려서 쓰면 "4강, 한풀이는 끝났다"라고 말할 수 있다. 물론 헝가리와 터키에 되갚을 빚은 남아 있다. 그러나 가장 큰 응어리는 분명 풀렸다. 그렇다면 이제는 다음 차원으로 올라서야 한다. 그래야 2006 독일 월드컵을 올바르게 준비할 수 있다. 그것은 바로 새로운 축구관을 갖는 것이며, 거기에는 반드시 'fun'이라는 요소가 접목되어야 한다.

이번 월드컵에서 거둔 4강이란 성적에 힘입어 국내 프로축구 리그가 크게 활성화되었다. 선수들의 해외 진출도 줄을 잇고 있으며, 축구 꿈나무들도 많아지는 등 새로운 축구관이 정립될 절호의 기회를 맞았다. 이제부터는 우리 선수들도 이 새로운 축구관을 토대로 각자의 드높은 기량을 맘껏 펼쳐내기 바란다. 그러면 우리 축구도 앞으로는 관중과 선수 모두에게 진정한 즐김의 장(場)이 될 것이다.

라그랑주 방법의 한 예

라그랑주 방법은 앞에서 썼듯이 "어떤 제한조건하에서 주어진 함수의 최대 또는 최소값을 구하는 방법"이다. 이를 "$x^2+y^2=1$이라는 원에 내접하는 직사각형의 최대 넓이는 얼마인가?"라는 문제를 통하여 살펴보기로 하자.

다음 그림에서 볼 때 제1사분면의 꼭지점 좌표를 (x,y)라고 하면 전체 직사각형의 넓이는 $4xy$가 된다. 그런데 이 꼭지점은 항상 $x^2+y^2=1$이라는 원 위에 있어야 한다. 즉 이 원이 점 (x,y)의 위치에 대한 제한조건이다. 이 문제를 먼저 보통의 방법, 그리고 이어서 라그랑주 방법의 두 가지로 풀어보자.

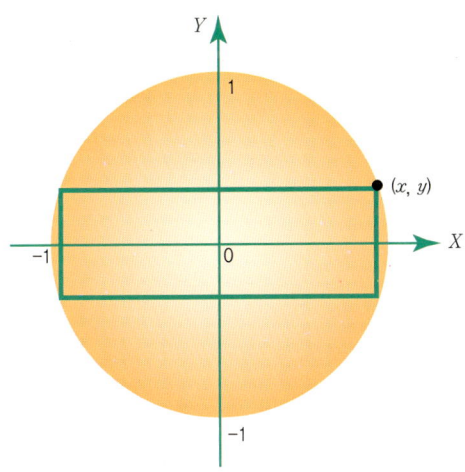

〔그림 11〕 원에 내접하는 최대 넓이의 직사각형 구하기

● **보통의 방법**

최대화할 함수 $4xy$를 A로 쓴다. 그런 뒤 조건식을 한 문자에 대하여 풀어 여기에 대입한다.

$x^2 + y^2 = 1 \longrightarrow y = \sqrt{1-x^2}$ 원칙적으로는 $y = \pm\sqrt{1-x^2}$이지만 넓이를 구하는 것이므로 양의 값만 취해도 된다. 이 y를 A에 대입한다.

$A = 4xy = 4x\sqrt{1-x^2}$ 이 식을 x에 대하여 미분한 후, 0으로 놓고 x의 값을 구한다. 이 미분에서는 $(fg)' = f'g + fg'$이라는 공식을 사용한다. 여기서 $4x$는 f, $\sqrt{1-x^2}$는 g에 해당한다.

3. 즐거움이라는 함수   47

$$\frac{dA}{dx} = 4\sqrt{1-x^2} + 4x \times \frac{1}{2} \times \frac{2x}{\sqrt{1-x^2}}$$

$\sqrt{1-x^2}$ 의 미분은 $t = 1-x^2$으로 놓고 연쇄율(連鎖律, chain rule)을 이용하여 푼다.

즉 $\dfrac{dt^{\frac{1}{2}}}{dx} = \dfrac{dt^{\frac{1}{2}}}{dx} \dfrac{dt^{\frac{1}{2}}}{dx} = \dfrac{1}{2} t^{\frac{1}{2}} \times (-2x)$이다. 이제 이 미분 결과를 0으로 놓고 x에 대하여 푼다.

$$\frac{dA}{dx} = \frac{4-4x^2-4x^2}{\sqrt{1-x^2}} = 0 \longrightarrow 1 = 2x^2 \longrightarrow x = \frac{1}{\sqrt{2}}$$

원칙적으로는 $x = \pm\dfrac{1}{\sqrt{2}}$ 이지만 넓이를 구하는 것이므로 양의 값만 취한다.

이 x값을 조건식 $x^2 + y^2 = 1$에 대입하면 y값이 구해지며, 그 값 또한 $\dfrac{1}{\sqrt{2}}$이다. 따라서 최종적으로 구하는 값은 $4xy = 4 \times \dfrac{1}{\sqrt{2}} \times \dfrac{1}{\sqrt{2}} = 2$이다. 한 가지 주목할 점은 x와 y의 값이 같다는 점이다. 즉 원에 내접하는 직사각형은 그 모양이 정사각형이 될 때 그 넓이가 최대로 된다.

● **라그랑주 방법**

이 방법은 다음의 4단계로 진행한다(편의상 그 이론적 배경의 설명은 생략한다).

㉮ 구하는 함수식과 조건식을 더하여 새로운 함수식을 만든다.
㉯ 이 새로운 함수식을 각각의 변수에 대하여 미분한다.
㉰ 조건식과 ㉯에서 구한 식을 함께 풀어서 각 변수의 값을 구한다.

㉣ 최종적으로 ㉢에서 구한 값을 본래의 함수식에 대입하여 답을 구한다.

이제 위의 순서에 따라 구체적으로 풀어보자.

㉮ $B = 4xy + k(x^2+y^2-1)$라는 새로운 함수식을 만든다. 여기서 조건식 $x^2+y^2=1$을 본래의 함수식 $4xy$에 더할 때 임의의 상수 k를 곱해서 더한다는 점이 라그랑주 방법의 특색이다. 이 상수를 '라그랑주 승수(Lagrange multiplier)'라고 부른다. 그리고 이 승수 때문에 라그랑주 방법을 '라그랑주 미정승수법(Lagrange's method of undetermined multiplier)'이라고 부르기도 한다.

㉯ $\begin{cases} \dfrac{\partial B}{\partial x} = 4y-2kx = 0 \cdots\cdots (1) \\ \dfrac{\partial B}{\partial x} = 4x-2ky = 0 \cdots\cdots (2) \end{cases}$; 미분할 변수가 여러 개인 경우에는 편미분 기호(∂)를 쓴다.

이 식은 $(1)\times x + (2)\times y$로 하면 쉽게 풀어진다. 즉 $(1)\times x + (2)\times y = 8xy - 2k(x^2+y^2)$인데, 조건식에서 $x^2+y^2=1$이므로 이 식은 결국 $8xy-2k=0$이 된다. 따라서 $k=4xy$이다.

㉰ $k=4xy$를 (1)에 대입하면 x가 구해진다. $4y-8x^2y=0 \rightarrow x=\dfrac{1}{\sqrt{2}}$. 마찬가지로 $k=4xy$를 (2)에 대입하면 $y=\dfrac{1}{\sqrt{2}}$이 구해진다.

㉱ 위에서 구한 x와 y의 값을 본래의 함수 $4xy$에 대입하면 최대 넓이는 $4xy = 4 \times \dfrac{1}{\sqrt{2}} \times \dfrac{1}{\sqrt{2}} = 2$로 구해진다. 여기서도 알 수 있듯

이, 원에 내접하는 직사각형은 그 모양이 정사각형이 될 때 그 넓이가 최대로 된다.

이상 하나의 문제를 두 가지 방법으로 풀어봤다. 이 문제는 간단한 것이어서 보통의 방법으로도 쉽게 해결된다. 그러나 복잡한 문제의 경우 라그랑주 방법의 장점은 크게 두드러진다. 한편 위 문제를 확장하여 '구에 내접하는 직육면체의 최대 부피'도 구할 수 있다. 위 답으로부터 예상할 수 있듯이 그 모양은 정육면체가 된다.

끝으로 매우 중요한 점 하나를 특기해둘 필요가 있다. 지금껏 본 바에 따르면 라그랑주 방법은 '제한조건하에서 최대값(또는 최소값) 구하기'라고 요약된다. 이 때문에 언뜻 이 방법을 제한조건이 있는 '특수한 경우'에만 사용되는 '특수한 방법'이라고 여기기 쉽다. 그러나 실질적으로 이 우주 안의 모든 존재는 어떤 일정한 제한을 받는다. 한마디로 완전히 자유로운 존재는 없다. 본문에서 예로 든 '용돈 사용의 문제'만 해도 그렇다. 세계 최고의 재벌이라면 용돈도 많을 것이다. 그러나 무한대는 아니다. 현재 세계 최고의 권력자라는 미국의 대통령도 정책 결정에 여러 가지 제한을 받는다. 우주 만물도 마찬가지다. 만일 우주에 어떤 입자가 딱 하나만 존재한다면 그 입자는 어떤 제한도 받지 않는다. 이러한 가상의 입자를 '자유 입자(free particle)'라고 부른다. 그러나 우리 우주에는 엄청나게 많은 입자가 존재하고, 이들 입자는 중력, 전자기력, 핵력 등의 힘을 통하여 서로 끊임없이 영향력을 미친다. 따라서 제한조건이 없는 경우는 실제로는 없고, 이론적으로만 가능하다. 이런 점에서 볼 때 라그랑주 방법은 결코 '특수한 방법'이 아니며, 오히려 가장 '보편적인 방법'임을 유념해야 한다.

창의력은 신입사원이 갖출 최고의 덕목

'창의력' 또는 '창의성'의 중요성은 축구나 과학에서는 물론, 오늘날 우리 사회 각 분야에서 폭넓게 인식되고 있다. 최근에는 기업에서 사원들을 선발할 때도 제1의 덕목으로 보고 있다. 아래 소개하는 기사에는 최근의 이런 경향이 잘 드러나 있다.

'창의력'과 '도전의식'이 있는가?
기업이 꼽는 신입사원의 최고 덕목으로 부상

신입사원을 채용하면서 필기시험을 치르는 기업을 찾아보기는 이제 어렵게 됐다. 대신 직무적성검사가 보편화되고, 무엇보다 면접이 중시된다. 인턴 과정을 통해 일을 시켜보고, 며칠씩 합숙을 해가며 지원자를 면밀히 관찰하는 곳도 많다. 기업들은 이처럼 많은 시간과 비용을 들여가며 지원자의 무엇을 평가하는 것일까? 포스코의 인력팀장은 "창의력과 도전의식"이라고 말했다. 기업의 인사담당자들을 대상으로 한 광범위한 조사에서도 '창의성'과 '도전의식'은 요즘 기업들이 사람을 평가할 때 가장 중시하는 덕목으로 나타났다. 온라인 리쿠르팅 업체인 잡코리아가 지난 5월 국내 1,013개 업체의 인사담당자를 대상으로 실시한 인사정책에 대한 설문조사 결과를 보면, 269개 업체 인사담당자의 26.6%가 가장 선호하는 인재로 '창의성과 상황 대처 능력을 가진 사람'을 꼽았다. 그 다음으로 '도전정신과 추진력'(26.1%), '다재다능한 멀티플레이형 인재'(24.3%), '유연성 및 변화 적응력이 있는 사람'(11.6%) 순이었다. 기업들이 '인재 제일'을 강조한 것은 새삼스런 일은 아니다. 그러나 인재 평가에서 창의력과 도전정신을 강조하기 시작한 것은 비교적 최근의 일이다. 미국의 금융회사인 메릴린치(Merrill Lynch)는 핵심 인재의 요건으로 분석력과 이슈 발굴 능력에 덧붙여 열정, 혁신 지향성(변화를 수용하고 준비하며, 신속한 대응을 하는 능력), 다른 인재를 양성하는 능력, 인간적 매력 등을 꼽고 있다. 인재 경영을 강조한 제너럴일렉트릭(GE)의 잭 웰치(Jack Welch, 1936~) 회장은 이상적인 리더의 덕목으로 '4E 모델'을 제시했다. 열정과 에너지(Energy), 동기 부여 능력(Energize), 집중력·결단력 및 최고를 지향하는 성향(Edge), 실행력(Execution) 등이 중요하다는 것이다. 국내 기업의 경우, 삼성은 전문적 능력과 열정을 겸비하고 조직혁신을 주도할 수 있는 인물, 코롱은 '원 앤 온리(one & only)'를 실천할 수 있는 창의적이면서도 변화와 도전정신을 갖춘 사람을 핵심 인재로 본다(이하 생략).

4. 미터법과 섬나라

　최근 미국의 화성 탐사선 '오디세이'가 화성에서 엄청난 양의 얼음 저수지를 발견했다는 소식이 들렸다. 이것이 다 녹으면 화성 표면을 500m 깊이로 덮을 수 있을 것이라고 한다. 이에 따라 화성에 생명체가 있는지의 여부에 대한 논란이 또다시 가열될 전망이다. 태양계의 9개 행성 가운데 지구와 가장 닮은 것은 금성과 화성이다. 특히 금성은 지구의 쌍둥이별이라고 할 정도로 크기와 밀도가 비슷하다. 다만 표면 환경이 너무 혹독하여 생명은 있을 수 없다. 그러나 화성의 경우 아주 오래 전에는 지구보다 더 생명 활동에 유리한 환경이었을 것으로 추측된다. 그래서 지구상의 생명이 화성에서 전래했을 것으로 보는 견해도 유력하다. 이 견해를 내세우는 사람들은 아주 오랜 옛날 어떤 소행성이 화성과 충돌하여 그 파편이 태양계에 널리 퍼졌다고 말한다. 그리고 그중 일부가 당시의 화성 생명체를 지구에 옮겼다고 한다. 실제로 그들은 남극 대륙의 빙산에서 화성 운석을 발견했다. 나아가 얼마 전에는 그 운석 내에서 생명의 흔적이 발견되었다고 하여 큰 화제가 됐다.

이번 발견은 미국이 근래 두 차례의 실패 끝에 얻어낸 것이어서 더욱 높이 평가된다. 1999년 9월에는 화성 기후 탐사선이 화성으로 가던 중 실종되었다. 같은 해 12월에는 화성 극지 탐사선이 착륙 도중 대기와의 마찰열을 이기지 못하고 불타버렸다. 그런데 첫 번째의 사고는 어이없게도 그 원인이 컴퓨터 프로그램 내의 '미터법↔파운드법' 단위 환산이 잘못되었기 때문이라고 한다. 일찍이 중국의 진시황은 천하를 통일한 뒤 곧 도량형도 통일했다. 단위의 통일은 그 정도로 중요하다. 그런데 오늘날 세계 최강대국인 미국은 국제적 표준인 '미터법'을 일상화하지 않았기 때문에 이런 결과를 자초했다. 미국은 주요 선진국 중에서 마지막으로 1975년에야 비로소 공식적으로 미터법을 채용했다. 그러나 아직도 일상적인 활용은 미흡하다.

미터법은 18세기 말 프랑스가 주도해서 제정했다. 그러나 사이가 좋지 않은 이웃 섬나라 영국은 이를 달가워하지 않았다. 그래서 영국의 식민지였던 미국도 이를 채용하지 않았던 것이다. 어쨌든 미터법은 그후 계속 발전하여 현재는 세계적으로 'SI'라고 부른다 (SI는 프랑스어의 'Le Système International d'Unités'에서 따왔다. 우리나라의 공식 용어는 '국제단위계'다. 영어로는 The International System of Units로 쓴다).

2002년 월드컵은 한국과 일본의 공동 개최란 점이 큰 특색이다. 우리와 일본의 사이가 좋아서 그렇게 된 것은 아니다. 오히려 그 반대로 너무나 치열한 유치 경쟁을 벌인 결과이다. 한국과 일본, 영국과 프랑스뿐만 아니라 미국과 쿠바, 중국과 대만, 인도와 스리랑카도 대륙에 있는 나라와 그 이웃의 섬나라이다. 그리고 이들 모두 한국과 일본처럼 사이가 좋지 않다. 영국과 아일랜드는 둘 다 섬나라이면서도 사정은 마찬가지다.

  이번 월드컵이 한일 관계에 크게 기여하면서 끝난다면, 장래 이 나라들도 한 번씩 공동 개최해보는 것이 어떨까? 월드컵이 아니라 올림픽을 공동 개최할 수도 있다. 영국의 식민지였던 미국과 프랑스의 식민지였던 캐나다는 오늘날 타의 모범이라 할 정도로 사이가 원만하다. 조상의 구원(舊怨)이 후손에게 그대로 전해지라는 법은 없음을 잘 보여준다. 21세기에 처음 열리는 이번 월드컵이 이들 모두에게 화합의 메시지를 전달하는 대회로 기억되었으면 한다.

금성과 온실 효과

금성의 반지름은 6,056km이고 모습은 거의 완전한 구에 가깝다. 지구는 적도 반지름이 6,378km, 극 반지름은 6,357km로서 아주 조금 찌그러진 타원체의 모습이다. 또한 금성의 질량은 지구의 81.5%, 표면 중력은 지구의 90%, 평균 밀도는 $5.24g/cm^3$으로서 지구($5.52g/cm^3$)의 95% 등 지구와 매우 흡사한 조건을 갖추고 있다. 그러나 대기압은 90기압에 이르며 대기층의 구름이 일으키는 온실 효과로 인하여 표면 온도가 470°C에 달한다. 따라서 생명이 있을 가능성은 없다고 본다.

금성의 이 격렬한 온실 효과를 일으키는 주된 원인 물질은 황산 구름과 이산화탄소다. 지구의 경우 황산 구름은 없으며, 가장 주된 원인 물질은 이산화탄소다. 만일 지구에 온실 효과가 없다면 지구 전체의 연평균 기온은 -18°C가 되어 모든 바다는 항상 얼어 있을 것이라고 한다. 그러나 적절한 온실 효과 때문에 현재 지구의 온도는 전체적으로 연평균 15°C를 유지하고 있다. 다만 최근 들어 이산화탄소의 증가로 온실 효과가 악화됨으로써 점차 큰 위협으로 대두되고 있다.

2002년 여름 우리나라에는 강우량 신기록이 세워졌다. 강원지방기상청에 따르면 8월 31일 하루 동안 강릉 지방에 내린 강우량은 870.5mm로서 우리나라 기상관측이 실시된 이래 가장 많았다. 이 기록은 지난 1981년 9월 2일 전남 장흥 지방에 내렸던 547.4mm의 기록을 훌쩍 뛰어넘는 엄청난 강우량이다. 이번 여름의 물난리는 우리나라만 겪은 것이 아니다. 중국은 양쯔 강의 둥팅 호(洞庭湖)가 1998년 대홍수 이래 또다시 범람의 위기에 처하기도 했다. 독일에서도 엘베 강의 수위가 150년 만에 최대치를 기록하면서 드레스덴(Dresden) 지방이 큰 피해를 입었다.

이런 현상들에 대하여 독일 막스 플랑크 연구소의 한 기상학자는 이산화탄소 등의 온실 가스에 의한 지구 대기의 온도 상승을 그 원인으로 보았다. 그러면서 그는 앞으로 '현대판 노아의 홍수'와 같은 역사상 유례없는 기상재해가 우려된다고 전망했다. 한편 독일의 언론과 정부 관리들도 올 중부 유럽 대호우의 원인으로 지구온난화를 지목했다. 그러면서 교토 의정서(Kyoto Protocol, 지구온난화방지협약)를 탈퇴한 미국에 대해 비난을 퍼부었다. 미국은 전세계 이산화탄소 배출량의 28%를 차지하지만 자국 산업보호를 명목으로 2001년 3월 교토 의정서 탈퇴를 선언했기 때문이다.

그런데 지구온난화는 전지구적인 현상이므로 이로부터 자유로울 나라는 없다. 미국만 해도 온난화로 인하여 해면이 상승하면 뉴욕 등 동부의 저지대와 플로리다 쪽이 큰 피해를 입을 가능성이 많다. 앞으로 지구온난화의 추세와 영향을 면밀히 분석하면서 국제적인 협조 체제를 더욱 공고히 해야 한다.

최근의 화성 탐사 소식

1969년 인간이 최초로 달을 밟은 이래 달에 대한 관심은 시들어갔다. 반면 최근에는 화성에 대한 탐사가 비교적 활발하다. 아래에 2002년 들어 전해진 화성에 관련된 소식 가운데 크게 주목받았던 것 두 가지를 실었다.

● 화성에서 얼음 저수지 발견

2002년 5월 26일 영국 BBC방송은 NASA(미국 항공우주국)가 발사한 화성 탐사선 '오디세이(odyssey)'가 화성 지표면 90cm 밑 땅 속에서 거대한 얼음 저수지를 발견했다고 보도했다. BBC방송은 화성 위도 60도 남쪽에서 발견된 이 얼음은 녹을 경우 화성 표면을 깊이 500m의 물로 모두 덮을 수 있을 정도의 어마어마한 크기라고 전했다. NASA는 30일 이같은 발견 사실을 공식 발표할 예정이며, 전체적인 발견 내용은 미국의 과학저널인 『사이언스』에 실릴 예정이라고 BBC는 전했다. NASA는 오디세이에 탑재한 '감마선 분광계'를 이용, 화성의 땅 속에 존재하는 수소에서 발산되는 감마선을 감지하는 수법으로 얼음을 찾아냈다. 천문학자들에 따르면 이 수소는 얼음 결정에 들어 있는 수소라고 한다. 영국의 『선데이타임스』는 같은 탐사선에 설치된 '중성자 분광계' 도 화성 지하 얼음의 증거를 송신해오고 있다고 전했다. NASA는 이에 앞서 똑같은 분광계를 이용, 1998년 달의 극점에서 얼음을 발견한 바 있다.

[그림 12] 화성 탐사선 오디세이가 화성 궤도에서 지층 탐사를 하는 광경에 대한 상상도

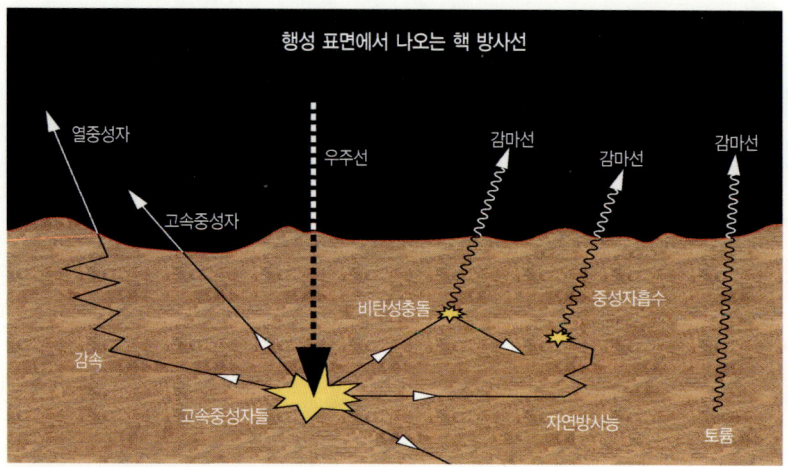

[그림 13] 오디세이가 발견한 화성 얼음 저수지의 탐사 원리를 보여주는 그림. 우주선(宇宙線, cosmic ray)은 아득한 우주 저 멀리서 날아오는 고에너지 입자이다. 이것이 화성의 지표면과 충돌하면 수미터를 뚫고 들어가면서 여러 다른 입자들을 만들어낸다. 그 가운데 중성자가 가장 중요하다. 중성자는 무게가 거의 같은 수소 원자와 충돌할 때 가장 많은 에너지를 잃는다. 물리학적 계산에 따르면 두 물체의 무게가 비슷할 때 가장 많은 에너지가 전달되기 때문이다. 그런데 수소는 바로 물에 가장 많이 들어 있다. 따라서 화성의 표면에서 방출되는 중성자를 검출하여 그 에너지가 낮은 것의 분포(열중성자의 분포)를 조사하면 물의 존재를 확인할 수 있다.

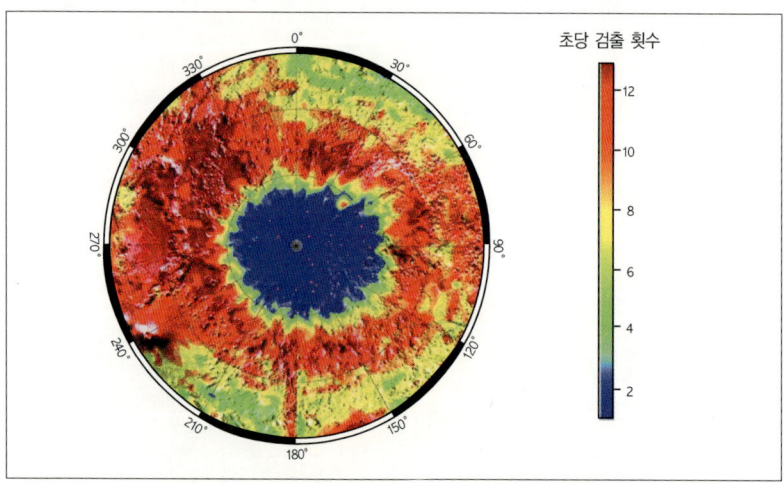

[그림 14] 화성 탐사선 오디세이가 보내온 얼음 저수지 사진. 화성 지표층을 감마선 분광계로 분석한 것으로, 가운데의 파란 부분이 이번에 발견된 얼음 저수지다.

다음은 화성에서 온 'ALH84001'이라는 운석에 대한 기사이다. 이 이름은 남극 대륙의 앨런힐스(Allen Hills) 지역에서 발견되었다고 해서 이렇게 붙여졌다. 이 운석은 수백만 년 전에 어떤 소행성이 화성에 충돌했을 때 떨어져나온 화성의 파편이 우주를 떠돌다가 지구에 붙잡힌 것이라고 한다. 그런데 이 운석에 대해서는 그 동안 약간의 곡절이 있었다. 맨 처음 2001년 초에 발표할 때는 이 운석에서 생명의 흔적이 발견되었다고 했다. 그러나 2001년 말에는 반대로 부정하는 발표가 나왔다. 이 운석에 관하여 가장 최근에 나온 아래 기사는 생명의 흔적을 다시금 긍정하고 있다.

- *화성에 한때 생명체가 존재했던 증거 발견*

2002년 8월 4일 NASA 산하 존슨우주센터(JSC)는 "화성에 한때 생명체가 존재했음을 보여주는 증거가 발견됐다"고 발표했다. 그 동안 이 화성 운석에 대해서는 NASA가 지난해 2월 이에 대한 1차 연구 결과를 발표한 이래 자철광(磁鐵鑛)의 생성 원인을 두고 많은 논란이 계속되어 왔다. 그런데 이번 발표에서 우주센터의 연구팀은 "1984년 남극에서 발견된 45억 년 전의 화성 운석 'ALH84001'에서 자철광을 추출, 여섯 가지 물리 화학적 성질을 분석한 결과 이 중 25%는 박테리아가 만든 것이라는 결론을 내렸다"고 공개했다. 캐시 토머스-켑타(Kathie Thomas-Keprta) 연구팀장은 "이는 45억 년 전 화성에 자철광을 만드는 능력이 있는 박테리아가 존재했음을 보여주는 강력한 증거"라고 설명했다. 연구팀에 따르면 이 자철광은 자연 상태에서 만들어지는 자철광과는 모양이나 화학 성분이 전혀 다른 것으로 지구의 수중 박테리아인 'MV-1'이 생성하는 '세포내 자철광'과 매우 흡사한 구조를 갖고 있다고 한다. 그러면서 "지구에서 MV-1 박테리아가 만든 자철광이 이 운석에 스며들어갔을 가능성은 없다"고 덧붙였다. 연구팀은 또한 "올해 초 화성 탐사선 글로벌 서베이어 호가 보내온 자료도 과거 화성에 자기장이 존재했음을 보여준다"면서 "이는 화성에 자성을 갖춘 박테리아가 실재했음을 시사한다"고 말했다.

사이가 좋지 않은 바다 건너 나라들

월드컵 공동 개최는 이번이 역사상 처음이다. 이번 대회가 성공적으로 마무리됨에 따라 앞으로도 공동 개최가 이루어질 가능성이 높아졌다고 한다. 1980년대에 '하얀 펠레(white Pele)'로 불리면서 브라질 대표팀 주장으로 활약했던 지코(Zico, 1953~)는 "이번 월드컵은 긴 역사 속에 처음인 공동 개최이다. 공동 개최는 앞으로도 있을 것이므로 그 모델로서 주목된다. 그러니 일본도 한국도 성공적으로 치러내야 한다"라고 말했다. 기왕에 앞으로 공동 개최를 하게 된다면, 우리나라와 일본처럼 서로 이웃에 있으면서도 갈등 관계에 있는 나라들에서 이루어지면 화합에 많은 도움이 될 것이다.

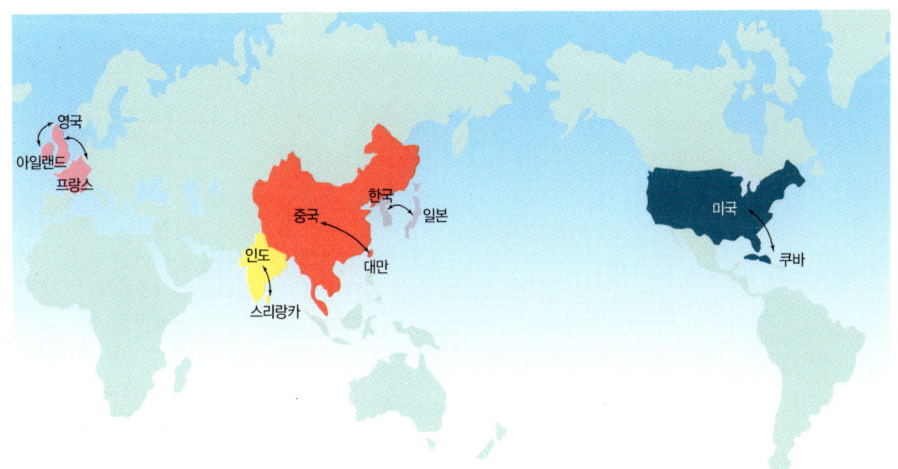

[그림 15] 서로 사이가 좋지 않은 대륙에 있는 나라와 그 이웃의 섬나라. 단 영국과 아일랜드는 모두 섬나라이다.

국제단위계(SI)

국제단위계는 이전의 미터법이 발전된 단위 체계이다. 미터법의 기원은 멀리 16세기까지 거슬러 올라가지만, 직접적인 기원은 프랑스의 파리과학아카데미가 1790년에 제정한 단위 체계에서 찾을 수 있다. 이후 미터법은 여러 차례의 변화를 겪으면서 발전해왔다. SI(Le Système International d'Unités)란 명칭으로 바뀐 것은 1960년에 열린 국제도량형총회에서의 일이다. 아래 표에 현재 쓰이고 있는 7대 기본 단위의 정의를 모았다.

물리량	단위	기호	정의
길이	meter	m	빛이 진공중에서 299,792,458분의 1초 동안 진행한 거리(1983년)
질량	kilogram	kg	1889년에 제작된 kg 원기(原器)의 질량.
시간	second	s	원자량 133인 세슘(Cs) 원자의 기저 상태에 있는 두 개의 초미세 에너지 준위 사이의 전이에서 나오는 전자기파가 9,192,631,770번 진동하는 데에 걸리는 시간(1967년).
전류	ampere	A	단면적이 0에 가깝고 길이가 무한대인 두 개의 직선 도체가 진공중에서 1미터 간격으로 떨어져 있을 때, 이 도체의 길이 1미터당 1천만분의 2뉴턴의 힘이 발생하게 하는 양의 전류(1946년).
온도	kelvin	K	물의 삼중점 온도의 273.16분의 1(1967년).
물질량	mole	mol	원자량이 12인 탄소 0.012킬로그램에 들어 있는 탄소 원자의 수(1971년).
광도	candela	cd	1제곱미터당 101.325뉴턴의 압력하에 있는 백금의 어는점과 같은 온도에 있는 흑체의 표면 60만분의 1제곱미터가 그 면에 수직 방향으로 발산하는 광도(1967년).

〔유의 사항〕

● 국제단위계의 7대 기본 단위는 그 중요성에 비하여 현재의 교과 과정상 너무 소홀히 다루어지는 느낌이 있다. 비유하자면 7대 기본 단위는 '단위의 원자'라고 말할 수 있다(자연계의 모든 물질이 약 100개

의 '원자'로 이루어지듯이). 자연과학에 나오는 모든 물리량은 궁극적으로 이 7개의 기본 단위로써 표현되기 때문이다. 이러한 중요성을 잘 헤아려(구체적 내용까지 모두 이해할 필요는 없겠지만) 가능한 한 정확히 알아둘 필요가 있다.

- 위 길이의 정의에 따라 빛의 속도도 299,792,458m/s로 정의되었다는 점을 특기해야 한다. 아인슈타인의 특수상대성이론에 따르면 "빛의 속도는 일정불변"이다. 이처럼 빛의 속도가 수치적으로 확정됨에 따라 특수상대성이론은 '이론적'으로 뿐만 아니라 '제도적'으로도 공인받았다고 말할 수 있다.

- 7대 기본 단위 중에서 최초의 정의를 그대로 유지하고 있는 것은 '질량'뿐이다. 다른 단위는 과학의 진보에 따라 변화했으며, 앞으로도 그러할 것이다.

- 'mole'과 'mol'을 혼동하지 말아야 한다. mole은 '물질의 일정한 양'에 대한 '단위(의 이름)'이며, mol은 'mole이라는 단위'를 나타내는 '기호'이다. 다른 6가지의 경우 단위의 이름은 길고 기호는 짧아서 서로 확연히 구별되므로 혼동의 우려가 거의 없다. 그러나 mole과 mol은 철자 하나의 차이밖에 없어서 마구 섞어 쓰는 경우를 자주 본다. 하지만 '단위의 이름'이 아닌 '기호'로 쓸 경우에는 mol/L, mol/kg 등과 같이 써야 옳다. 이것을 mole/L, mole/kg 등으로 쓰는 것은 완전히 틀렸다고 하기도 곤란하지만, 좋은 표기라고 할 수는 없다 ("속도를 'm/s'와 'meter/second' 가운데 어느 것으로 나타내야 할까?"를 생각하면 이해하기 쉽다).

● 온도의 경우 일상적 단위인 섭씨(Celsius)와 화씨(Fahrenheit)는 각각 °C와 °F로 나타낸다. 그러나 SI의 기본 단위인 켈빈(kelvin)은 °K가 아니라 그냥 K로 쓴다.

● 기타 자세한 내용은 한국표준과학연구원의 웹사이트(http://www.kriss.re.kr/kriss2000/index.html)를 참조하기 바란다.

5. '속도위반'이 맞으려면?

　어느 날 갑돌이는 갑순이와 데이트를 했다. 모처럼의 데이트라서 신나게 차를 몰았다. 기분이 지나쳤을까, 멀리서 경찰이 손짓하며 차를 세웠다. "선생님, 속도위반입니다. 시속 140킬로나 됩니다"라는 친절한(?) 얘기를 들었다. 갑돌이는 순간 난감했다. 그러나 갑순이가 거들었다. "경찰 아저씨, 이건 '속도위반'이 아니라 '속력위반'이에요. 속도는 벡터이고 속력이 스칼라잖아요? 학교에서 그렇게 배우잖아요? '속력위반죄'란 것은 없으니까 보내주세요. 법률에 죄목이 없는 한 죄가 아니니까요"라고 말했다. 경찰도 아득한 고교 시절에 그렇게 배운 기억이 떠올랐다. 그래서 할 수 없이 그냥 보냈다.
　이런 대화는 실제로는 물론 있을 수 없다. 하지만 학교에서 배운 지식을 그대로 적용하면 이럴 수밖에 없다.

자연과학은 '물리량'을 다룬다. 그리고 물리량은 대개 스칼라scalar와 벡터vector로 나뉜다. 스칼라는 스케일scale에서 나왔다. 따라서 '크기'만을 갖는 물리량임을 곧 알 수 있다. 벡터는 '날아가는 것'이라는 뜻의 라틴어에서 나왔다. 날아가는 것의 경우 '어디로'라는 방향도 중요하다. 그래서 벡터는 '크기'와 '방향'이라는 두 가지의 특성을 가진다. 크기는 화살의 길이, 방향은 화살이 가리키는 방향으로 보면 편하다. 그래서 벡터는 보통 화살표로 나타낸다. 스칼라의 예로는 길이, 넓이, 질량, 에너지, 속력 등이 있고 벡터의 예로는 힘, 운동량, 전기장, 자기장, 속도 등이 있다. 이 중에서 다른 것들은 별 문제가 없다. 그러나 속력과 속도는 그 소속을 바꿔야 타당하다.

우선 속도를 보자. 속도의 한자는 '速度'다. 여기서 '도'는 어떤 정도를 나타낼 뿐 방향과는 무관하다. 이 점은 똑같은 '도'가 들어가는 온도, 밀도, 농도, 고도 등은 모두 스칼라라는 데에서 잘 드러난다. 한편 속력의 한자는 '速力'이다. 그런데 '력'은 '힘'이며 벡터다. 똑같은 '력'이 들어가는 중력, 전기력, 자기력 등도 모두 벡터다. 즉 유독 속도와 속력만 그 소속이 뒤바뀌어 있다. 다른 면으로서 어감을 봐도 마찬가지다. 속도와 속력 가운데 속도의 어감이 더 일상적이다. 그래서 '속도위반'이라는 일상용어에 쓰인다. 따라서 당연히 속력을 벡터량으로 삼아야 한다. 영어에는 그렇게 되어 있다. 영어의 speed와 velocity 가운데 speed가 더 일상적이다. 그래서 '제한속도'를 'speed limit'로 쓴다. 전문용어의 어감이 풍기는 velocity는 벡터량으로 쓰인다.

우리는 일상 용례와 전문 용례가 엇갈려 있다. 그래서 한 차례의 수정 단계를 거쳐야 한다. 속도는 워낙 기본적인 개념이어서 초등학교 때부터 배운다. 그리고 고교 시절에 이르도록 항상 '속도=거리÷시간'으로 사용한다. 그러나 벡터가 나오면, "지금까지 본의 아니게 잘못 가르친 것이 하나 있다. 속도는 사실 벡터량이다. 지금껏 써온 속도란 말은 대부분 속력으로 불러야 옳다"라고 하면서, 잘못 아닌 잘못을 자백해야 한다. 하지만 이런 자백으로 해결되는 것도 아니다. 해결책은 이제라도 하루빨리 바로잡는 길뿐이다.

가끔씩 도로 표지판의 영문 표기가 잘못되었다면서 수정 작업을 한다. 그 비용이 수십억원대가 넘는다고 한다. 그러나 속도와 속력을 바꾸는 일은 훨씬 중요하면서도 간단하다. 주요 교재 출판사들만 잘 협력하면 된다. 얼마 동안의 혼란은 있겠지만 순리로 가는 것이므로 곧 안정될 것이다. 그런 정도의 혼란은, 방치하면서 계속 겪을 불합리에 비하면 미미한 손해에 불과하다.

사과의 무게와 사랑의 무게

물리량(物理量, physical quantity)은 '자연과학적 측정 대상'을 말한다. 예를 들어 '사과의 무게'는 (자연과학적 측정 대상이므로) 물리량이지만, '사랑의 무게'는 (정서적 또는 심리학적 측정 대상이므로) 물리량이 아니다. '미터법과 섬나라'에서 얘기했던 "모든 물리량은 궁극적으로 이 7개의 기본 단위로써 표현"한다는 구절을 상기하면 더 깊이 이해할 수 있다.

고교 과정까지는 모든 물리량을 스칼라와 벡터로 나눈다고 배운다. 그러나 대학 과정에서 보면 이 밖의 다른 물리량도 나온다. 그리하여 모든 물리량을 포괄하는 것으로서 '텐서(tensor)'라는 개념을 만들어서 사용한다. 이에 따르면 스칼라는 '0차 텐서', 벡터는 '1차 텐서' 그리고 '행렬(matrix)'은 '2차 텐서'에 해당한다. '3차 텐서' 이상의 것에는 별도의 이름이 없어서 모두 'n차 텐서'의 형식으로 부른다. 행렬로 표현되는 물리량에는 탄성률(彈性率, modulus of elasticity), 편극률(偏極率, polarizability), 관성모멘트(moment of inertia), 계량(計量)텐서(metric tensor) 등이 있다.

전문용어와 일상용어 간의 괴리

수학, 물리학 등 자연과학에서 널리 쓰이는 '속도' '속력'의 개념이

법학이나 일상생활에서의 경우와는 다르다는 데에서 앞에서 본 것과 같은 혼란이 초래된다. 우리가 여러 학문을 공부하다 보면 계속 쏟아지는 수많은 전문용어들을 배우게 된다. 그 가운데는 전혀 새롭게 만들어진 것도 많다. 하지만 일상적인 용어를 특수한 경우에 한하여 전문용어로서 사용하는 경우도 많다. 여기 후자의 대표적인 한 예로서 '힘'을 들 수 있다. '힘'이 일상적으로 쓰이는 경우, 즉 '일상적 의미의 힘'이 무엇인지를 모르는 사람은 없을 것이다. 거기에는 '육체적인 힘으로서의 근력' '정신적인 힘으로서의 정신력' '권력' '영향력' '유명도' '매력' 등 여러 가지 뜻이 담겨 있다. 그러나 '물리학적으로 정확히 정의된 힘'은 '질량×가속도'로서, 오직 이 한 가지 뜻으로만 쓰이는 전문용어이다.

　이처럼 일상용어를 전문용어로 쓸 경우 일종의 불문율이 하나 있다. 가능하면 그 모태인 일상용어의 용례와 모순되지 않도록 해야 한다는 것이다. 이에 대한 아인슈타인의 말은 상당히 시사적이다. 그는 "과학은 일상용어를 정련(refinement)하는 작업"이라고 표현했다. 다시 말해서 (자연과학, 인문과학, 사회과학을 막론하고 모든) 과학은 무디고 애매하게 쓰이는 일상용어를 날카롭고 정확하게 쓰는 길을 찾는 것이라고 풀이할 수 있다. 그러나 그것을 넘어서 애초부터 쓰던 의미를 허물어서는 안 된다. 일상 용례가 비록 모호한 점은 있지만, 적어도 전문용어가 지닐 뜻의 한계를 긋는 역할을 하는 경우에는 그다지 모호하다고 볼 수 없다. 아무튼 위 '힘'의 경우에는 이 불문율이 지켜졌다. 그러나 수학, 물리학에서 힘이라는 개념에 버금갈 정도로 근본 개념에 속하는 '속도'와 '속력'의 경우에는 그렇지 않다.

현행 고교의 수학과 과학 교과과정에 따르면 '속도=변위÷시간' '속력=거리÷시간'으로 되어 있다. 그리고 만일 이 용어를 그대로 일상생활에 적용한다면 우리가 흔히 말하는 '속도위반'은 '속력위반'이라고 불러야 한다. 그러나 '속력위반'이라고 부르는 사람은 거의 없으며, 법규정에도 그렇다. 이른바 '속도위반죄'는 현재 '도로교통법' 제15조 제3항에 규정되어 있다. 그러나 도로교통법은 물론이고, 이 규정을 실제로 적용하여 처벌할 기준을 정한 하위법으로서의 '도로교통법시행령'과 '도로교통법시행규칙'을 통틀어 봐도 '속력'이란 용어는 한 번도 나오지 않는다. 여기서 중요한 것은 법학 내에서 '법학 고유의 속도 개념'을 정의하는 곳도 따로 없다는 점이다. 이런 경우 법학이 이 용어를 쓰려면 당연히 수학이나 물리학의 개념을 빌려야 한다. 따라서 엄밀히 말하자면 현재로서는 '속력위반죄'라는 표현이 옳으며, 이에 대해서는 현행법상 처벌할 규정이 없는 셈이다.

죄형법정주의(罪刑法定主義)

앞에서 갑순이가 한 말 중에 "'속력위반죄'란 것은 없으니까 보내주세요. 법률에 죄목이 없는 한 죄가 아니니까요"라는 구절이 뜻하는 바가 바로 '죄형법정주의'이다. 법학은 '인문과학의 수학'이라고 할 정도로 논리적 엄밀성이 높다. 그러나 모든 법학이 다 그런 것은 아니고 그 가운데도 약간씩 차이는 있다.

형법(刑法)은 사람의 신체, 재산, 명예 등에 직접적인 제재를 가하므로 그것을 적용할 때는 높은 수준의 신중성 및 엄격성이 필요하다. 죄형법정주의는 바로 이 형법상의 원칙으로, 예로부터 "법률이 없으면 범죄도 없고 형벌도 없다"는 말로 자주 표현되어왔다. 즉 '범죄'와 '형벌'은 반드시 '법률'로 정해야 한다는 원칙이다(여기서 말하는 법률은 오직 국회에서 제정된 법률만을 뜻한다. 행정부, 경찰, 자치단체, 군대 등에서 정한 것으로는 국민을 처벌할 수 없다). 그러나 민법, 상법 분야에서는 '법익균형원리(法益均衡原理)'라고 해서 당사자간에 이익과 손해를 공평하게 분배하는 융통성을 더 중요시한다. 이 점은 수학에서도 찾아볼 수 있다. 수학 가운데 순수수학은 엄밀성을 강조하지만 응용수학에서는 융통성을 강조한다.

죄형법정주의의 기원은 1215년 영국의 마그나 카르타까지 거슬러 올라간다. 거기에 세계 최초로 "자유인은 재판이나 국법에 의하지 않는 한 체포 구금할 수 없다"고 규정했기 때문이다. 즉 왕이나 기타 권력자 또는 권력기관 등이 범죄와 형벌을 마음대로 규정하고 행사하는 '죄형전단주의(罪刑專斷主義)'에 대항하여 생긴 원칙이다. 이 때문에 죄형법정주의는 그 '기원'으로 보면 '국법'상의 원칙이라고 해석된다. 그러나 그 사상적 체계와 형법상의 규정이 실질적으로 완비된 것은 근대 이후의 일이다. 따라서 죄형법정주의는 오늘날에도 그 '본질'에서는 '근대 형법'상의 기본 원칙으로 이해한다.

이 원칙을 최초로 규정한 헌법은 1776년 미국의 버지니아 주 헌법

[그림 16] 마그나 카르타(Magna Carta)

이며, 이어서 1787년에는 미국의 연방헌법에도 규정되었다. 그후 1789년 프랑스혁명에서 채택한 인권선언에 규정되었고, 이를 계기로 유럽 및 세계 각국에 퍼져나갔다. 그리하여 국가 권력으로부터 국민의 자유와 권리를 보호하는 데에 커다란 역할을 했다. 물론 이 원칙에는

[그림 17] 근대적 죄형법정주의의 기초를 닦은 베카리아(C. Beccaria, 1738~1794)와 포이어바흐(P. Feuerbach, 1775~1833)

맹점도 있다. 예를 들어 아무리 사회적으로 비난받아야 할 행위라 할지라도 법률에 범죄로 규정되지 않았다면 처벌할 수 없다. 따라서 이를 교묘하게 악용하는 경우도 많고, 그 정도는 아니더라도 운 좋게 빠져나가는 경우도 많다(아래 기사 참조). 그러나 그럼에도 불구하고 이 원칙을 고수하는 것은 더욱 중요한 일이므로 그런 약점 내지 맹점은 감내하면서 보완해가야 한다. 실제로 나치즘 하의 독일이나 파시즘 하의 이탈리아 그리고 구소련 등의 공산국가에서는 국가의 자의적인 법 집행을 위하여 이 원칙을 폐기한 적이 있었다. 그러나 오늘날에는 전 세계적으로 적어도 형식적으로는 보편화되어 있다.

대법원, 컴퓨터 저장도면 복사는 절도죄가 아니다

컴퓨터에 저장된 정보를 몰래 복사하거나 출력하여 빼돌린 행위 자체는 절도죄에 해당하지 않는다는 판결이 나왔다. (……) 재판부는 "절도죄가 성립하려면 훔친 대상이 형태가 있는 '재물'이어야 하는데 컴퓨터에 저장된 정보 자체는 재물에 해당하지 않는다"고 밝혔다(2002년 7월 12일 선고, 2002도745 판결).

컴퓨터에 저장된 정보를 임의로 복사해서 빼돌린 것은 절도죄보다 더 무거운 죄가 될 수 있다고 보는 것이 우리의 상식이다. 그럼에도 불구하고 죄형법정주의의 원칙 때문에 유죄가 인정되지 않았다. 그리하여 대법원의 이 판결에 대해서는 이후 상당한 논란이 있었다. 한편 이 판결의 결과는 '과학과 법학 간의 괴리'라고 말할 수 있다. 아주 빠르게 진행되는 과학의 발달을 법학이 미처 따라잡지 못하기 때문에 이런 일이 일어났다는 뜻이다.

현대에 들어 위와 같은 '근대적 죄형법정주의'는 약간의 변화를 겪고 있다. 오늘날의 사회 현상은 너무나 복잡하므로 모든 범죄의 유형을 낱낱이 엄밀하게 규정하기는 거의 불가능하다. 따라서 법률의 규정이 다소 포괄적 추상적으로 되는 경우가 많다. 양형(量刑)에 있어서도 법률에 아주 엄격히 규정하지 않고 법관의 재량권을 널리 인정하는 추세이다. 실제의 재판 과정에서 사건의 전모 및 범인의 개인적 환경을 가장 잘 파악하게 되는 재판관으로 하여금 가장 적절한 형량을 선고할 수 있도록 하기 위함이다. 형벌의 집행도 처벌 위주가 아니라 교화・개선·교육적 측면에서 접근하고 있다. 이런 여러 요인들은 오늘날 죄형법정주의의 의의, 이념, 기능을 새로이 정립해갈 것을 요구하고 있다. 그러나 아무리 그렇더라도 죄형법정주의의 완전한 폐기는 허용될 수 없다. 다시 말해서 오늘날의 변화는 '근대적 죄형법정주의라는 대원칙 내에서의 현대적 변용'이라고 말할 수 있다.

6. 불로불사, 그 허망한 꿈

컴퓨터의 발전에 따라 생활이 많이 편해졌다. 그러나 문제점도 따라서 늘고 있다. 컴퓨터란 말 자체는 '계산하는 기계'라는 뜻이다. 하지만 오늘날 그 가장 중요한 기능은 정보의 저장과 유통이다. 기이하게도 이 두 기능은 상호 보완적이면서 상호 배타적이다. 우선 어느 하나만으로는 아무런 쓸모가 없다. 그런데 그중 저장은 비밀성이 강하고 유통은 개방성이 강하다. 따라서 필연적으로 비밀의 유지와 침해가 각축하게 된다. 그 결과 개인의 사생활과 기업 및 공공기관의 비밀 누출이 심각한 문제로 떠올랐다. 이른바 '해킹과 보안의 문제'다.

해킹의 심각성을 알리기 위하여 해킹 대회가 열리기도 한다. 보안 프로그램이 탑재된 컴퓨터에 여러 해커가 접속하여 가장 먼저 해킹에 성공하는 사람이 우승하는 게임이다. 그런데 어떤 우승자의 말이 흥미롭다. 최첨단의 해킹기술과 최첨단의 보안기술이 서로 맞붙을 경우 해킹기술이 승리할 확률이 훨씬 높다고 한다. 즉 해킹기술이 항상 앞서간다는 뜻이다. 보안의 본질이 방어인 이상 공격보다 앞설 수는 없기 때문이라고 한다.

"약은 백 가지요, 병은 만 가지"라는 속담이 있다. 의술이 아무리 발전해도 어쩔 수 없는 병이 있다는 말이다. 이처럼 생로병사는 만인의 운명이다. 그래서 이 속담은 병에 걸리고 죽는 것을 너무 슬퍼하지 말라는 위로의 말로도 쓰인다. 어떤 사람들은 이에 반대한다. 현대 의학의 발전으로 머지않아 모든 병이 정복되리라고 예상한다. 그러나 애석하게도 그렇지는 않을 듯하다. 의학이 보안이라면 병은 해킹이다. 따라서 의학이 아무리 빨리 발전하더라도 병을 앞서갈 수 없다. 실제로 이런 사례는 수두룩하다. 대표적인 것이 에이즈AIDS다. 또 감기나 독감의 바이러스는 변이 속도가 빠르기로 악명이 높다. 나아가 장래에는 인위적 변이가 우려되기도 한다. 유전공학을 이용하여 사람이 (고의로든 실수로든) 새로운 병을 창출하는 것을 가리킨다. 이런 병은 인간의 작품이란 점에서 해킹 프로그램과 다를 바가 없다. 컴퓨터 바이러스와 생물체의 바이러스가 갈수록 더 닮아가는 형국이다.

해킹과 보안, 병과 약의 관계를 약간 다른 관점에서 볼 수도 있다. "닭이 먼저냐 달걀이 먼저냐?"라는 질문을 보자. 이 문제는 이른바 '무한 순환 관계'로, 답이 없는 문제의 원조로 꼽힌다. 그러나 해킹과 병이 원인이고, 보안과 약은 결과라는 점에 비춰보면,

이 문제의 답은 달걀이라고 해야 한다. 옥스퍼드 대학의 생물학자 리처드 도킨스Richard Dawkins가 쓴 『이기적인 유전자』라는 책에서도 유사한 결론이 도출된다. 그에 따르면 모든 생물은 유전자를 내포한 생존기계일 뿐이다. 이 생존기계의 유일한 목적은 유전자를 존속시키는 일이다. 그래서 유전자는 이기적이다. 이에 따라 "개체는 유한하되 유전자는 영원하다"는 명제가 성립한다. 결국 이런 관점에서도 달걀이 먼저다.

우리는 흔히 의학이 추구하는 궁극의 목표를 불로불사라고 생각한다. 그러나 위 내용들에 비춰보면 이것은 오해다. 이기적인 유전자보다 더 이기적인 개체의 생각이다. 약국에서 병瓶에 든 약을 주는 것을 보고 "병 주고 약 준다"라고 한다지만, 그렇잖아도 병과 약은 필연적인 동반자다. 세상이 불로불사로 가득 찬다면 더 큰 문제들이 초래된다. 그리하여 또다시 생로병사로 돌아가고 만다. 요컨대 인생의 목표는 생로병사를 올바로 영위하는 것일 뿐, 불로불사를 달성하는 데에 있는 것은 아니다.

계산기의 역사

컴퓨터(computer)의 동사형 'compute'는 '계산·산정·평가하다'의 뜻이다. 컴퓨터는 요즘 놀랍도록 다양한 분야에 쓰이지만 맨 처음 그것을 만들 때의 가장 기본적인 목표는 역시 '계산'이었다. 그런데 오늘날 우리는 계산이란 문제를 그다지 심각하게 여기지 않는다. 워낙 편리한 계산 도구가 많이 보급되어 계산의 필요성 자체도 별로 느끼지 못할 정도가 되었기 때문이다. 특히 근래에는 조그만 가게에서도 물건 값을 거의 자동계산대로 처리한다. 그리하여 하루가 다 가도록 암산이나 필산(筆算)을 한 번도 하지 않는 경우도 많다. 그러나 옛날 사람들에게 계산은 참으로 어렵고 골치 아픈 일이었다. 그러나 그럼에도 불구하고 반드시 해내야 할 필요가 있었던 문제였음을 잘 이해해야 한다. "필요는 발명의 어머니"라는 속담이 말해주듯, 바로 이 '필요'로부터 결국 우리가 이토록 편리하게 사용하는 각종 계산기와 컴퓨터가 만들어졌기 때문이다.

옛날에는 왜 그토록 계산이 힘들었을까? 간단한 예로서 한글, 한자, 로마숫자로 된 다음 계산을 어떻게 해야 할지 상상해보자. 과연 이 계산을 쉽게 끝낼 수 있었을까?

$$\begin{array}{r} 십칠 \\ \times \ 이십오 \\ \hline ? \end{array} \qquad \begin{array}{r} 十七 \\ \times \ 二十五 \\ \hline ? \end{array} \qquad \begin{array}{r} \mathrm{XVII} \\ \times \ \mathrm{XXV} \\ \hline ? \end{array}$$

이 문제를 우리가 현재 사용하는 아라비아숫자로 한다면 간단히 해결된다. 그러나 아라비아숫자가 세계적으로 널리 쓰이게 된 것은 중세 이후의 일이었다. 따라서 그전에는 우리가 보기에 아주 간단한 계산이라도 매우 어려운 일에 속했고 일부 전문가나 상인들만이 할 수 있는 특수한 작업으로 여겨졌다. 중세의 기록에 따르면 유럽의 지방 상인들은 계산을 배우게 하기 위하여 자식들을 큰 도시로 몇 년씩 유학시켰다고 한다.

이러한 계산의 어려움을 극복하기 위하여 고대부터 여러 가지 도구가 만들어졌다. 그 가운데 주판(珠板)이 가장 대표적이다(셈판 또는 수판數板이라고도 부른다). 그 기원은 고대 메소포타미아 지역으로 보이며, 이집트, 그리스, 로마 시대를 거쳐 17세기까지 널리 쓰였다. 그러나 아라비아숫자를 이용한 필산이 보편화되면서 자취를 감췄다. 중국의 주판은 유럽에서 전해졌다는 견해도 있으나 분명하지는 않다. 다만 중국을 비롯한 동양 각국에서는 아라비아숫자의 보급이 늦어졌기 때문에 현대에 이르도록 주판이 널리 쓰였다. 요즘에는 우리 주변에서 주판을 거의 볼 수 없지만 불과 10여 년 전만 해도 은행원의 필수 도구였다.

주판 외에 널리 사용된 도구로는 '계산자(slide rule)'가 있다. 주판을 사용하려면 상당한 훈련이 필요하지만 계산자는 원리만 이해하면 누구나 쉽게 사용할 수 있다. 그래서 휴대용 계산기가 나오기 전까지 이과 계통의 학생이나 전문가들이 많이 사용했다.

그러나 엄밀히 말하면 주판과 계산자는 '계산 도구'일 뿐 '계산하는

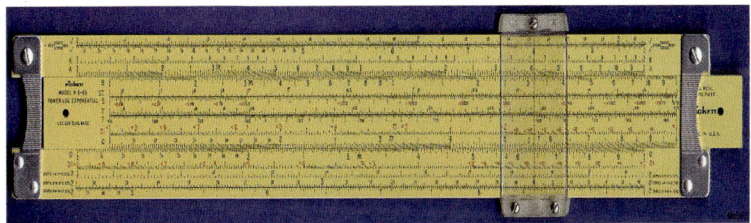

[그림 18] 계산자는 위아래 2개의 고정자 사이에 부드럽게 움직이는 유동자 하나로 구성되어 있다.

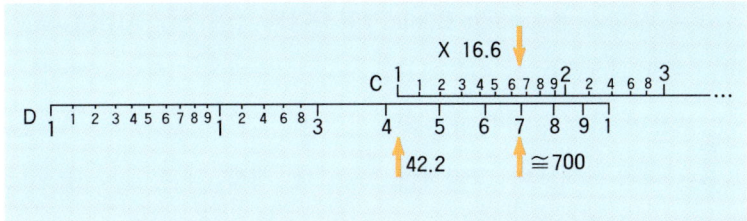

[그림 19] 42.2×16.6≅700의 계산 과정을 보여주는 그림. C자의 1을 D자의 42.2에 맞춘 후, C자의 16.6에 오는 D자의 값을 읽으면 된다. 계산자로는 이밖에도 다양한 계산을 할 수 있다.

기계'로서의 '계산기'는 아니다. 이러한 본래적 의미로서의 계산기는 프랑스의 천재 수학자 파스칼(Blaise Pascal, 1623~1662)이 처음 만들었다. 파스칼은 세무 공무원으로 일하던 아버지가 수많은 계산 때문에 고생하는 것을 보고 그 부담을 덜어주고자 이를 발명했다. 그러나 이 계산기는 덧셈과 뺄셈만 할 수 있었고, 장치도 너무 복잡하여 실제로는 그다지 유용하게 쓰이지 못했다.

이후 독일의 수학자 라이프니츠(Gottfried Wilhelm von Leibniz, 1646~1716)가 곱셈도 할 수 있는 것을 만들었다고 하며, 샤를 사비에 토마 드 콜마르(Charles Xavier Thomas de Colmar, 1785~1870)는

1820년에 사칙연산이 모두 가능한 기계를 만들었다. 그러나 단순히 계산만 하는 기능을 떠나 '저장'의 기능까지 고려한 현대적 계산기의 개념을 최초로 도입한 사람은 배비지(Charles Babbage, 1792~1871)였다. 다만 그의 기계는 계속적인 개량만 거듭했을 뿐 하나도 제대로 완성되지는 못했다.

이러한 '기계적 측면'의 발달에 이어 '논리적 측면'의 뒷받침이 영국의 두 수학자 불(George Boole, 1815~1864)과 튜링(Alan Turing, 1912~1954)에 의하여 이루어졌다. 불은 이진법에 의한 논리 연산을 구상했으며, 튜링은 더 나아가 기계적인 계산 가능성의 한계를 수학적으로 명확히 밝혀냈다. 그리하여 프로그램, 저장, 연산, 출력 등 현대적 컴퓨터에 내포된 핵심적인 관념들의 기초를 확립했다.

이 다음의 발전 단계는 '기계적 측면'을 떠나는 일이었다. 수많은 톱니바퀴 그리고 심지어 증기기관까지 이용하려고 했던 종래의 기계식은 너무 복잡하고 거대해져서 제작과 운전 모두 매우 어려웠다. 이 문제는 '전자식'이라는 방식을 채용함으로써 해결되었다. 그리하여 마침내 1946년에는 '최초의 전자식 범용 컴퓨터'로 알려진 에니악(ENIAC, Electronic Numerical Integrator And Computer)이 탄생했다. 그런데 이 최초의 전자식 계산기는 말 그대로 '계산기'였을 따름이라는 점에서 자못 상징적이다. 그 용도는 포탄이나 미사일의 탄도(彈道) 계산으로, 정해진 프로그램에 따라 계산과 출력만 했을 뿐 오늘날 컴퓨터의 또다른 특징인 '저장 기능'은 없었다.

이후 컴퓨터는 반도체의 출현과 발전에 힘입어 눈부신 발전을 거듭

〔그림 20〕 '최초의 전자식 범용 컴퓨터'로 알려진 에니악. 진공관이 18,000개나 사용되고 크기도 42평의 공간을 차지할 정도로 컸다. 그러나 그 성능은 오늘날의 PC에도 훨씬 못 미친다.

했다. 그리하여 이제는 컴퓨터 없이 사는 모습을 상상하기 어려울 정도로 인간 생활의 모든 부분에 깊이 스며들어 있다. 하지만 앞에서 썼듯이, 오늘날 컴퓨터의 가장 중요한 기능은 정보의 '저장'과 '유통'이다. 초기의 기본 목표였던 계산도 이제는 단순한 보조적 기능에 지나지 않으며, 현란하도록 다채로운 다른 기능들은 모두 이 두 가지 기능을 중심으로 이루어진다. 그 필연적인 귀결로서 정보의 침해와 방어, 즉 해킹(hacking)과 보안(security)이 매우 중요한 문제로 떠오르게 되었다.

날로 증가하는 해킹의 심각성

'정보의 유통'이라는 컴퓨터의 사회적 기능이 발전함에 따라 해킹의 문제성이 날로 증가하고 있다.

최근에 나온 다음 기사를 보자.

해킹 급증, 올 들어 이미 3만 건 넘어

2002년 8월 한 달 동안에 월별 기록으로는 가장 많은 해킹이 전세계적으로 발생한 것으로 드러났다. 런던에 본부를 둔 컴퓨터 보안회사 mi2g에 따르면 지난 한 달 동안 세계에서 일어난 해킹은 모두 5580건으로 올 월평균 3500건을 크게 넘었다. 이에 따라 올 들어 8월 말까지 발생한 총 해킹 건수는 3만 839건으로 지난해 전체 건수(3만 1322건)에 육박했다. 특히 8월 18일엔 1120건의 사이버 공격이 발생, 최악의 날로 기록됐다. 이 회사가 지난 1995년 집계를 시작한 뒤 1998년 269건이던 해킹은 1999년 4197건, 2000년 7821건으로 급증했으며 이런 추세가 계속될 경우 올 한 해 해킹은 모두 4만 5000건에 이를 전망이다. 특히 미국이 이라크를 공격할 경우 아랍을 포함한 반미 단체의 해킹이 폭증, 사이버 공간이 일대 혼란에 빠질 것이라고 이 회사는 내다봤다. mi2g는 이에 관하여 올 들어 훨씬 조직화되고 기술적으로 정교해진 사이버 테러단이 주요 금융 서비스사와 제조업체, 교통 시설 등 경제적으로 타격을 가할 수 있는 목표를 선정하고, 구체적인 자료 수집을 시작했다고 말했다. 나아가 이들은 다음 목표로 발전소나 상하수도, 핵심 교통

통신 시설 등을 공격해 국가 기간망을 마비시킬 수도 있다고 이 회사는 경고했다. 지금까지 사이버 공격은 나토의 발칸 폭격과 중국 대만 간의 긴장 고조기에 폭증하는 등 현실 사회의 긴장을 그대로 반영해왔다.

해킹과 보안의 다툼이 앞으로도 영원히 계속될 것은 분명하다. 앞에서 쓴 것처럼 마치 병과 약의 관계와도 마찬가지이기 때문이다. 이 과정에서 해킹에 대한 보안 프로그램 자체의 능력 향상도 물론 중요하다. 그러나 우리 몸을 돌보는 데에 평소의 건강 관리가 중요하듯, 해킹에 대한 방어에서도 기본적인 방어 의식을 갖는 것이 필요하다. 아주 고도의 해킹은 방지하기 어렵겠지만, 보통 수준의 해킹은 평소에 약간의 주의만 기울이면 통상적인 보안 프로그램으로도 충분히 방어할 수 있다.

의학과 질병의 숨바꼭질

의학의 눈부신 발전에도 불구하고 새로운 질병이 계속 창궐하는 현상은 다음 기사들에 잘 드러나 있다. 아래 내용에서 '에이즈'는 AIDS(Acquired Immune Deficiency Syndrome, 후천성면역결핍증), '에이즈 바이러스'는 그 병원체(病原體)인 HIV(Human Immunodeficiency Virus, 인체면역결핍바이러스)를 가리킨다.

인류 최대의 적 '변종 에이즈' 속속 출현

인간과 에이즈 바이러스가 물고 물리는 싸움을 벌이고 있다. 1980년대에 출현하여 전 인류를 공포의 도가니로 몰아넣었던 에이즈는 1990년대 중반 이후 인간에게 그 꼬리를 잡히는 것처럼 보였다. 그러나 에이즈는 최근 내성(耐性)이 강한 변종 바이러스를 앞세워 매서운 반격을 시도하고 있다. 인간과 에이즈의 전쟁에서 최후의 승자는 누가 될 것인가? 지난 1980년부터 불어닥친 에이즈 광풍은 1990년대 중반 이후 '칵테일 요법'이란 복합 치료법이 등장하면서 그 기세가 한풀 꺾였다. (……) 변종 에이즈 바이러스는 어떻게 출현할까? (……) 에이즈 환자에 치료제 AZT를 주사하면 에이즈 바이러스의 99%가 죽는다. 그러나 극소수의 에이즈 바이러스가 '우연하게도' AZT 약물에 내성을 가지는 유전 정보를 획득했다면, 그 바이러스는 계속 증식해서 수개월 안에 바이러스 집단의 새로운 대표자로 등장한다. 다윈의 진화론이 내세우는 '적자생존'의 법칙이 정확하게 적용되는 극적인 예라고 할 수 있다. (……) 칵테일 요법은 여러 가지 약물을 섞어서 치료하는 방법이다. (……) 예를 들어 에이즈 바이러스가 AZT와 ddC라는 두 가지 약물에 대해 동시에 내성을 가지려면 인간 게놈(genome) 가운데 최소한 두 곳에서 변이가 생겨야 한다. 그러나 여러 장소에서 한꺼번에 변이가 생길 확률은 매우 낮다. 따라서 세 가지 이상의 에이즈 치료제를 섞어 쓰는 칵테일 요법은 한 가지 치료제에 의존했던 기존의 치료법보다 탁월한 치료 효과를 발휘한다. 그러나 최근 반갑지 않은 소식이 들리고 있다. 그것은 칵테일 요법을 장기적으로 사용한 경우 내성을 가진 에이즈 바이러스가 출현할 수 있다는 내용이다. 변종 에이즈 바이러스는 정상 바이러스가 한 번 복제할 때마다 10만분의 1 확률로 태어난다. 그러나 에이즈 감염자의 체내에서는 하루에 100억 개의 새 에이즈 바이러스가 만들어지기 때문에 칵테일 요법에 내성을 가진 돌연변이가 태어나는 것도 놀랄 일은 아니다. 각종 치료제에 내성을 가진 '슈퍼 에이즈 바이러스'가 출현한다면, 에이즈는 또다시 인류 최대의 적으로 떠오를 것이다. 인간과 에이즈 사이에 예측할 수 없는 승부가 지금도 계속되고 있다.

지구 생태계의 변화, 특히 지구온난화로 인하여 에이즈 외의 다른 질병들도 창궐하고 있다. 그 대표적인 것들이 아래의 기사에 나타나 있다.

지구온난화로 동식물 질병 창궐

지구온난화 때문에 병원균의 서식 환경이 좋아지면서 인간을 포함한 육지와 바다의 동식물 생태계가 전에 없던 질병에 시달리고 있다고 과학전문지 『사이언스』가 보도했다. (……) 연구진은 "인간이 직면한 위험도 커지고 있다"고 지적했다. 이에 관한 보고서의 수석집필자인 코넬대학의 드루 하벨(C. Drew Habel) 교수는 "지구온난화의 영향을 논의할 때 인간의 문제는 제외됐지만, 기온이 1~2도만 올라가도 질병이 창궐할 수 있다"고 경고했다. (……) 과학자들이 지구온난화의 결과라고 의심하고 있는 현상으로는 다음과 같은 것들이 있다.

● 북아프리카 리프트 밸리 열병(Rift valley fever) 모기가 매개하는 질병

으로 여름 기온이 예년보다 높을 때 특히 많이 발생한다.
- **말라리아와 황열병** 겨울철 기온이 올라가면서 모기의 생존율이 높아지며, 모기가 과거보다 더 높은 지역까지 이동해 전염지역이 확대된다.
- **조류 말라리아** 하와이 산간지역의 기온이 올라가면서 병원균을 가진 모기가 높은 곳까지 침투했고, 이에 따라 면역력이 없는 토착 새들이 희생됐다. 현재 하와이의 해발 1,350m 이하 산간지역에는 토착 새들이 모두 사라졌다.
- 세계 곳곳의 산호초들이 해수 온도의 상승으로 창궐한 병원균에 감염되어 탈색되면서 죽어가고 있다.
- **사자 디스템퍼(distemper)병** 지난해 탄자니아에서는 수많은 사자들이 이 병으로 죽었다. 학자들은 병원균의 매개체인 파리가 기온이 높아진 동부 아프리카까지 이동한 것을 그 원인으로 보고 있다.
- **제주왕나비의 떼죽음** 추운 날씨에서는 살 수 없었던 제주왕나비의 기생충이 기승을 부려 제주왕나비의 멸종을 예고하고 있다.

초강력 내성 세균 병원에서 확산

지금까지 개발된 가장 강력한 항생제로도 죽지 않는 '초슈퍼박테리아'가 2002년 7월 현재 전국의 병원에서 급속히 확산되고 있는 것으로 나타났다. 이 세균에 대한 효과적인 치료제가 아직 없으므로 환자가 이 균에 감염되면 패혈증(敗血症) 등의 증세로 숨질 수도 있어 의료계가 긴장하고 있다. (……) 이 세균의 존재는 2000년 프랑스에서 처음 보고됐지만 아시아에서는 이번이 처음이다. 국내에서는 1999년 이와는 다른 계열의 세균으로서 당시 최신 항생제였던 반코마이신(Vancomycin)이 듣지 않는 내성 황색포도상구균(일명 '슈퍼박테리아')이 발견되기도 했다. 그러나 이에 대해서는 최근에 치료제가 나온 반면 이번에 발견된 내성 박테리아의 치료제는 아직 없다.

죽음은 삶을 잇는 다리

불로불사는 오랜 옛날부터 수많은 사람들의 소원이었다. 육체를 미라[mirra(포르투갈어)=mummy(영어)]로 보존하면 언젠가 다시 부활할 수 있다고 믿었던 고대 이집트인들의 종교, 해탈의 경지에 이르면 한없는 고행의 윤회를 훌훌 벗어날 수 있다는 불교의 가르침, 불로불사의 영약인 불로초를 구해오도록 지시했다는 진시황의 고사 등은 모두 이와 직간접적으로 관련되어 있다. 하지만 이런 얘기들은 아득한 꿈일 뿐 실제로 이룰 수는 없다. 그렇다면 얘기는 이것으로 끝인가? 그렇지는 않으며, 이 문제는 그 밑동에 '논리의 지렛대'를 작용시켜 약간 다른 관점에서 살펴볼 필요가 있다. 그리하여 가능성 여부가 아니라 그 어떤 필요성을 중심으로 살펴봐야 한다. 제자백가(諸子百家)의 열자(列子)편에 나오는 아래의 얘기는 이 점에 관하여 좋은 시사(示唆)를 던져준다.

죽음을 마냥 슬퍼해서는 안 된다

제(齊)나라의 경공(景公)이 수도 교외에 있는 우산(牛山)에 올랐다. 그리고서 북쪽으로 즐비하게 늘어져 있는 서울 거리의 풍경을 굽어보고 눈물을 흘리며 말했다.

"정말 아름다운 나라다. 나무까지 푸르고 무성하구나. 어떻게 이런 나라를 두고 죽을 수 있단 말인가? 만일 이 세상에 처음부터 죽음이란 것이 없었다면 나도 이곳을 떠나 다른 곳으로 가지 않아도 좋으련만."

행신(幸臣)인 사공(史孔)과 양구거(梁丘據)는 경공의 말을 듣자 덩달아 울면서 말했다.

"소인들은 전하의 덕택으로 살고 있지만 마른 나물이나 상한 고기라도 먹을 수 있고 짐말이나 낡은 수레라도 타면서 살아갈 수 있는 한 죽고 싶은 생각은 조금도 없습니다. 하물며 전하의 경우야 더욱 그렇지 않겠습니까?"

그러나 대신인 안자(晏子)는 옆에서 이런 말을 들으며 웃고만 있었다. 경공은 눈물을 닦으며 안자를 돌아보고 물었다.

"과인은 오늘 여기 와서 슬픔을 느꼈소. 사공과 양구거도 함께 울어 주었는데 경만 혼자 웃고 있으니 어찌 된 일이오?"

안자는 대답했다.

"만일 어진 임금이 죽지 않고 언제까지나 제나라를 다스릴 수 있었다면 분명 태공망(太公望)이나 환공(桓公)이 그랬을 것입니다. 만일 용기 있는 임금이 죽지 않고 언제까지나 제나라를 다스릴 수 있었다면 분명 장공(莊公)이나 영공(靈公)이 그랬을 것입니다. 이런 분들이 제나라를 계속 다스렸다면 전하께서 임금이 되실 일은 아예 없었겠지요. 도롱이와 삿갓을 쓰고 논밭에서 농사일을 하기에 바빠 죽고 싶지 않다는 생각을 할 겨를도 없었을 것입니다. 번갈아 임금이 되고 떠나도록 되어 있기에 전하께도 결국 차례가 왔습니다. 그런데 전하만 죽고 싶지 않다면서 울고 계신다면 너무 자기 욕심만 차리는 것 아닌지요? 소신은 그런 임금님과 그 비위를 맞추려는 신하들을 보게 되었기에 혼자 웃었습니다."

경공은 어찌나 무안했던지 손수 잔을 들어 벌주(罰酒)를 마셨다. 그리고 사공과 양구거에게도 각각 두 잔씩의 벌주를 마시게 했다.

7. 점은 우주요, 순간은 영원

달도 없는 맑은 날 시골의 밤하늘에는 쏟아져 내릴 듯한 보석들의 잔치가 펼쳐진다. 시원한 여름밤에 시골집 뜰의 평상에 누워 그런 하늘을 한번 쳐다보자. 아이맥스IMAX 영화관은 시야의 최대 범위를 화면으로 채운다. 그러면 관객은 마치 영화 속에 있는 것처럼 느낀다. 전 시야가 영화 속의 장면이기 때문이다. 이 아름답고 광막한 우주는 더할 나위 없는 아이맥스 영화다. 따라서 이를 보고 있노라면 그 안에 한없이 깊이 빠져드는 것은 너무나 당연한 일이다.

그러나 현대의 천문학에 따르면 이 웅대한 우주 공간도 극미의 점과 같다고 볼 가능성이 있다. 유명한 빅뱅big bang 이론은 우주가 바로 그 미세한 점에서 탄생했다고 한다. 그런 점을 전문용어로는 '특이점'이라고 부른다. 물질의 에너지가 무한대로 응집된 곳이어서 통상적인 과학은 적용되지 않기 때문이다. 특이점은 우주의 시초에만 존재하는 것은 아니다. 오늘날의 우주에도 얼마든지 있을 수 있다. 블랙홀이라고 부르는 것들이 바로 그것이다. 블랙홀의 중력은 엄청나게 강해서 빛조차 빠져나오지 못한다. 그래서 블랙홀의 내부는 외부 공간과 단절되어 있다.

어느 정도의 물질이 얼마만한 공간에 밀집되어야 블랙홀이 생성될까? 그 계산식은 의외로 간단하다. 놀랍게도 이 식에 따르면 우리가 살고 있는 이 우주도 하나의 블랙홀이다. 우리 우주의 질량과 반지름은 각각 대략 2×10^{55}kg과 150억 광년으로 추산된다. 이러한 추산을 토대로 계산하면 그런 결과가 나온다. 이 상황은 영화 〈맨 인 블랙Man In Black〉에 나오는 고양이 방울을 연상케 한다. 그 방울은 보통의 방울이 아니며 은하수가 통째로 담겨 있다. 비유적으로는 우리 우주도 하나의 방울이란 메시지를 전해준다.

유사한 현상이 소립자 물리학에도 나온다. 물질의 기본 단위가 원자라는 것은 20세기 초의 생각이다. 이후 수많은 소립자가 발견되어 이런 생각은 수정되었다. 그런데 신기한 것은 소립자 중에는 원자보다 무거운 것들도 많다는 사실이다. 나아가 앞으로 실험에 사용되는 에너지가 계속 높아지면 더욱 무거운 입자가 발견되리라고 예상된다. 그리하여 어떤 사람은 "결국 가장 궁극적인 소립자는 코스몬cosmon이 아닐까?"라고 말하기도 한다(코스몬은 우주를 뜻하는 코스모스cosmos와 입자를 뜻하는 어미 '-on'을 결합한 단어다). 우주의 궁극적 기본 입자를 찾는 과정에서 오히려 우주 자체를 만난다는 뜻이다.

이상의 얘기는 "점이 곧 우주요, 우주가 곧 점"이라고 요약된다. 그 내용은 '공간'에 관한 것이다. 그런데 '시간'에 대해서도 유사한 얘기가 있다. '순간'의 순수한 우리말은 '눈 깜박할 새'이다. 그 시간은 대략 10분의 1초다. 그러나 이 짧은 '순간'도 '분자가 한 번 진동하는 시간'에 비하면 거의 영겁에 가까운 세월이다. 분자의 1회 진동을 1초라고 하면, 실제의 1초는 지구의 나이와 비슷하다. 그러고 보면 무엇이 순간이고 무엇이 영원인가? '시공간'에 대하여 말하면 "점이 곧 우주요, 순간이 곧 영원"이다.

믿거나 말거나 현대 과학은 점점 철학화되어가고 있다. 예전에 철학에서 분화되어 나온 과학이 다시 원상으로 회귀하는 셈이다. 그러나 예전의 미분화와는 다르다. 좀더 고차원에서의 새로운 융화다. 그런데 철학은 과학보다 더 보편적이다. 과학은 누구나 다 하지는 않지만, 철학은 인간인 이상 피할 수 없다. 그런 점에서라도 이제는 과학하는 마음이 더욱 보편화되었으면 한다.

아이맥스(IMAX) 영화

'아이맥스는 캐나다의 아이맥스사(社)가 개발한 영상 기술이다. 아이맥스 영화는 현재 상영되는 영화들 가운데 가장 큰 화면을 자랑한다. 크기는 약간씩 다르지만 대개 가로 33m 세로 25m로서 통상적인 35mm 필름 영화 화면의 10배에 달한다(국내 63빌딩의 아이맥스 영화관 화면은 가로 24m 세로 18m이다). 아이맥스 영화는 70mm 필름을 사용한다. 다만 보통의 70mm 필름보다 상하의 폭이 더 크다. 또한 보통의 70mm 필름 영화는 필름이 상하로 이동하면서 촬영 및 상영되는 데 비하여 아이맥스 영화는 필름이 좌우로 이동하면서 촬영 및 상영된다. 그 이유는 역시 70mm 영화보다 큰 화면에 상영하기 위해서이다. 이 때문에 아이맥스 영화의 카메라와 영사기는 크기도 크고 필름 사용량 또한 막대하다. 아이맥스 영화의 촬영 카메라는 무게가 20~40kg이나 된다. 또한 선명한 화질을 위하여 수시로 점검해야 하므로 촬영이 까다롭다. 이런 특성상 아이맥스 영화는 주로 다큐멘터리나 테마공원(theme park)의 특수영화를 제작하는 데 쓰인다.

화면 크기에서 알 수 있듯이 아이맥스 영화의 화면비는 1.33:1이다. 관객을 기준으로 볼 때 대략 좌우는 60°, 상하는 40°에 이르는 영역을 커버하므로 사실상 관객은 영화 화면에 온통 빠져드는 것과 같다. 관객석도 20°가 넘는 경사를 이루어 어느 곳에서나 시야의 방해를 받지 않고 감상할 수 있도록 설계되어 있다. 음향 설비로는 6채널 디지털 사운드의 박력 있는 음향을 사용하여 완전한 입체 음향을 재현한다.

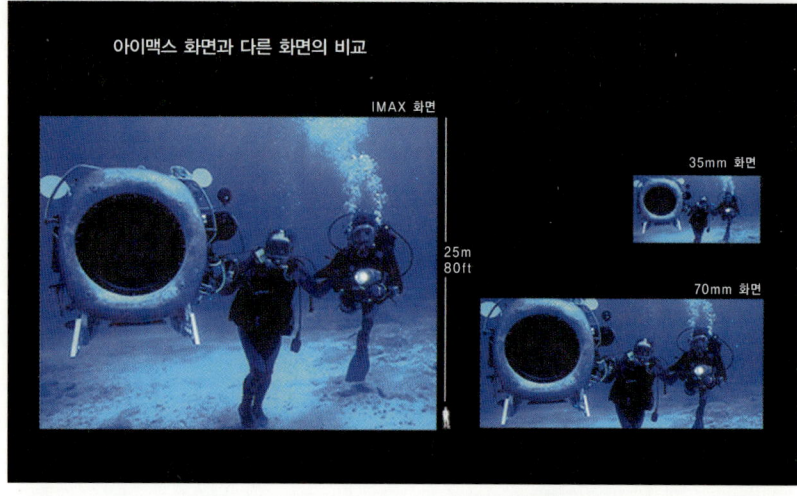

〔그림 21〕 아이맥스 영화와 다른 영화의 필름 및 화면의 비교. 35mm 필름 영화는 가장 흔히 보는 영화이며, 70mm 필름 영화는 가끔씩 보는 스케일이 큰 영화이다. 아이맥스 영화의 필름과 화면은 35mm 영화의 10배, 70mm 필름 영화의 3배 정도 크다.

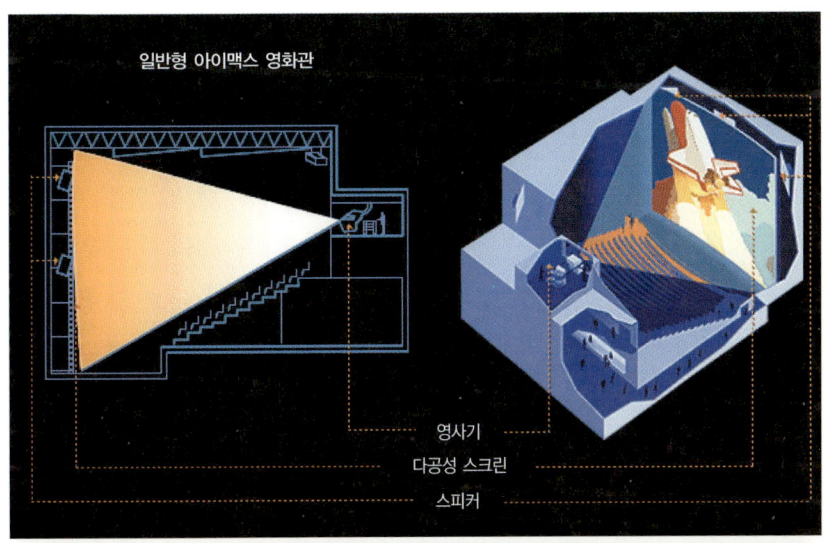

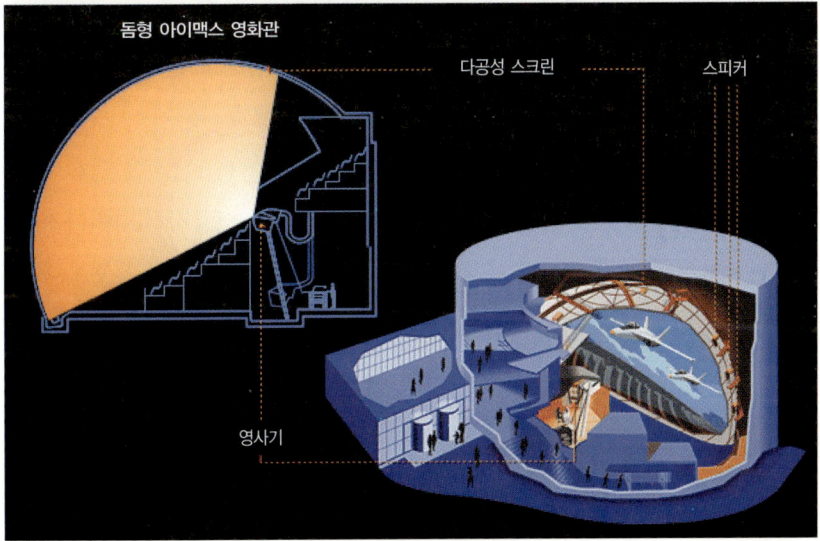

〔그림 22〕 아이맥스 영화관의 두 가지 형태(일반형, 돔형). 이밖에 3차원 영상을 보여줄 수 있는 입체형도 있으나, 영화관의 형태는 일반형과 같고 영사시설이 2세트인 점만 다르다.

이상의 내용을 종합하면 "아이맥스 영화는 65mm 네거티브 필름으로 촬영하고 편집된 영화를 15/70 필름에 프린트하여 롤링 루프(Rolling Loop) 방식을 통해 아이맥스사가 디자인한 영화관의 초대형 화면에 영사하는 기술을 뜻한다"고 요약할 수 있다. '15/70 필름'이란 필름 한 칸의 가로 크기가 70mm이고 그 사이에 필름의 양쪽으로 15개씩의 구멍이 뚫린 필름을 말한다([그림 22] 참조). 그리고 '롤링 루프 방식'은 아이맥스 영화의 특징적인 영사 기술로, 각 화면이 특수 핀에 의해 정확한 위치를 찾아가고 영사 렌즈 뒤쪽을 진공 상태로 만들어 항상 선명한 초점을 유지하도록 하는 방식을 말한다.

지금까지 제작된 아이맥스 영화는 천5백여 편에 이른다. 그 가운데 〈에베레스트〉는 5천만 달러가 넘는 수익을 올리는 공전의 히트를 기록했다. 아이맥스 영화를 보면 엄청난 크기의 화면으로 인하여 현기증이 날 정도의 현실감을 느낀다. 〈에베레스트〉에서 눈사태가 나는 장면이나 〈T-REX〉에서 티라노사우루스(tyrannosaurs)가 관객을 향하여 돌진하는 장면 등은 대단한 공포감을 불러일으킨다. 심지어 나이아가라 폭포에서 상영하는 아이맥스 영화를 본 사람들은 실제의 폭포보다 영화 속의 폭포가 더 장엄하다는 말을 하기도 한다. 나아가 근래에는 입체감까지 더해주는 3차원 아이맥스 영화도 제작되어 나온다. 이렇게 하여 경험하게 되는 현실감은 일반 영화관에서는 얻기 힘든 큰 장점이다. 다만 아이맥스는 고난도의 촬영 기술을 요하고 제작비가 많이 드는 단점이 있다. 따라서 상영 시간은 대체로 40분 내외이다.

블랙홀의 반지름과 질량과의 관계

블랙홀은 물질이 중력에 의하여 뭉치면서 그 크기가 '슈바르츠실트 반지름(Schwarzschild's radius)'이라고 부르는 '임계(臨界) 반지름' 이하로 줄어든 경우를 말한다. 블랙홀은 1915년에 발표된 아인슈타인의 일반상대성이론에 근거를 두고 있다. 슈바르츠실트(Karl Schwarzschild, 1873~1916)는 1916년에 일반상대성이론을 토대로 블랙홀에 관한 이론을 제시했으며, 거기에서 정의된 블랙홀의 반지름을 '슈바르츠실트 반지름(R_s)'이라고 부른다. 그 식은 $R_s = \dfrac{2GM}{c^2}$ 으로 주어진다. G는 중력상수(gravitational constant)로서 $6.67259 \times 10^{-11} Nm^2 kg^{-2}$이고, M은 물질의 질량, c는 빛의 속도로서 299,792,458m/s의 값을 가진다.

슈바르츠실트 반지름을 임계 반지름이라고 부르는 이유는 물질의 수축이 이 정도에 이르면 그 안으로부터 아무것도 빠져나올 수 없게 되기 때문이다. 곧 외부와 완전히 차단되는 경계를 이루는 값이라는 뜻이다. 여기의 '아무것'에는 빛도 포함된다. 빛은 중력파와 더불어 이 우주의 가장 궁극적인 정보전달수단에 속한다. 1905년에 발표된 아인슈타인의 특수상대성이론에 따르면 어떤 정보든지 이보다 더 빠르게 전달될 수는 없다. 이러한 빛마저도 임계 반지름의 내부로부터 빠져나올 수 없으므로 그 안에서의 모든 현상은 외부와 아무런 상관없이 진행된다. 이런 점에서 슈바르츠실트 반지름을 '사건의 지평선(event horizon)'이라고 부른다. 우리가 블랙홀의 밖에서 볼 수 있는 모든 자연 현상으로서의 '사건'은 거기까지, 그리고 블랙홀의 안에서 볼 수 있는 사건도 거기까지로 제한된다는 뜻이다.

이제 본문에 제시된 우주의 추산 질량을 토대로 이 반지름을 구하면 다음과 같다.

$$R_s \cong \frac{2 \times 6.7 \times 10^{-11} \times 2 \times 10^{53}}{(3 \times 10^8)^2} \cong 3 \times 10^{26} \text{m} \cong 300억 광년$$

이 반지름은 현재 추산된 우주 반지름의 약 2배에 해당한다. 다시 말해서 우주의 크기는 그 질량으로서 이룰 수 있는 블랙홀의 크기보다 더 작은 상태에 있으며, 따라서 일종의 블랙홀이라고 볼 가능성이 있다. 그리고 실제로 그렇다면 우주라는 관념의 궁극적인 본질은 무엇인지에 대하여 아주 다양하고도 심오한 의문이 제기될 수 있다. 그러나 이런 가능성은 아직 확인할 수 없다. 무엇보다도 우주의 질량과 반지름에 대한 정보가 정확하지 않다는 점이 그 첫째 이유로 꼽힌다. 나아가 블랙홀이라면 그 중심에 특이점이 있어야 하는데, 그에 해당하는 존재가 무엇이며 또 실재하는지의 여부에 대해서도 전혀 아는 바가 없다. 따라서 우주를 블랙홀의 일종으로 본다는 것은 현재로서는 완전히 이론적 가능성일 뿐 그 구체적인 해명은 장래의 연구에 맡겨야 한다.

블랙홀은 고체인가?

위의 계산을 토대로 블랙홀에 대한 상식적인 오해 하나를 불식할 수 있다. 우리는 흔히 물질이 무한대로 밀집된다는 점을 근거로 블랙홀이란 것은 극도로 단단한 고체일 것이라고 상상한다. 그러나 위 계산에서 보듯이 블랙홀의 밀도는 매우 낮을 수 있다.

블랙홀은 태양보다 3배 이상의 항성이 핵반응의 원료인 수소를 모두 소진하고 난 후 자체 중력으로 인하여 수축에 수축을 거듭하면서 생성된다고 알려져 있다. 태양의 3배인 항성이 블랙홀로 될 경우 그것이 가질 사건의 지평선은 약 9km다. 그리고 이 크기를 기준으로 계산된 밀도는 무려 $10^{15} g/cm^3$에 달한다.

그러나 블랙홀의 크기가 점점 커지면 얘기는 달라진다. 슈바르츠실트의 식 $R_s = \dfrac{2GM}{c^2}$ 에서 보듯이 블랙홀의 크기는 질량에 비례한다. 하지만 밀도는 질량에 비례하고 크기의 세제곱에 반비례한다. 따라서 질량이 10배 커지면 블랙홀의 크기는 10배로 늘어나지만, 밀도는 100분의 1로 감소한다. 은하계를 비롯한 많은 성운의 중심에는 태양 질량의 10억 배 정도인 거대한 블랙홀이 있을 것으로 추측된다. 이런 초대형 블랙홀의 경우 사건의 지평선을 기준으로 한 밀도는 대략 우리가 숨쉬면서 사는 이 지구상의 공기 밀도와 비슷하다. 이를테면 기체 상태의 블랙홀인 셈이다. 이런 결과에서 볼 때 블랙홀을 고체로만 상상하는 것은 잘못이다. 나아가 우주의 크기를 고려하면 그 밀도는 거의 진공에 가까울 수도 있다.

블랙홀의 특이점

이에 관한 기본적인 내용은 '김병현과 방울뱀' 편을 참조하기 바란다. 한편 이에 대하여 약간 보충할 점은 다음과 같다.

위에서 우주를 블랙홀로 볼 경우 그 특이점의 존재 여부가 불확실하다고 얘기했다. 그런데 이 사실은 보통의 블랙홀에서도 마찬가지다. 특이점의 존재는 아인슈타인의 중력이론을 극미의 공간에서도 적용할 수 있다는 전제에서 유래한다. 그러나 극미의 공간에 이르면 양자역학적인 효과가 드러나게 되며, 그런 경우에도 아인슈타인의 중력이론이 적용될 수 있는지는 분명하지 않다.

이런 점을 해결하기 위하여 호킹(Stephen Hawking, 1942~)을 비롯한 많은 학자들이 '양자중력이론' 을 수립하려고 노력하고 있다. 이 이론에 따르면 아인슈타인의 중력이론이 예언하는 특이점은 실제로는 나타나지 않을 것으로 기대되고 있다. 이처럼 블랙홀의 특이점도 실제로는 보통의 공간과 같은 것이라는 점이 밝혀진다면, 우주를 블랙홀의 일종으로 볼 가능성도 좀더 높아진다고 볼 수 있다.

도대체 누가 뮤온을 주문했나?

20세기 초까지만 해도 원자가 물질의 기본 단위로 알려졌다. 이름하여 '원자론' 이란 것이 그것이다. 그러나 이후 원자보다 더 궁극적인 입자인 전자, 양성자, 중성자가 발견되어 이런 생각은 사라졌다. 그리고 그에 이어서 소립자 물리학의 세계가 활짝 열리게 되었다. 어쩌면 원자론의 이런 운명은 그 이름 자체에 암시되어 있었다고 볼 수도 있다. 원자를 뜻하는 'atom'은 '쪼갤 수 없다'는 뜻을 갖고 있다. 그러나 이 언어적 구조 자체가 쪼개지도록 되어 있다. 그 구조를 보면 'atom = a + tom'으로서, 뒤의 'tom'은 '쪼갠다'는 뜻을 나타내고, 앞의 'a'는 '아니다'란 뜻을 나타낸다. 이런 점에서 "내용은 '쪼갤 수 없다'이지만 형식은 쪼개지도록 꾸며진 모순적인 언어 구조를 가진 원자는 결국 물리적으로도 쪼개지고 말았다"고 이해할 수도 있다. 그리하여 원자보다 더 기본적인 단위체들을 이제 소립자(elementary particle)라고 부르게 되었다.

소립자 물리학의 시대가 열린 초창기만 하더라도 발견된 종류가 그다지 많지 않았다. 따라서 알려진 1백여 종의 원자를 한줌밖에 되지 않는 소립자로써 깨끗이 설명할 수 있을 것이라고 예상했다. 그러나 이런 예상은 여지없이 빗나갔다. 1936년에 '뮤온'[muon, 그리스 문자 'μ(뮤)'로 표시]이 발견되었을 때 그 소식을 전해들은 미국 콜롬비아 대학의 라비(I. Rabi, 1898~1988) 교수가 외쳤다는 한마디, 즉 "도대체 누가 뮤온을 주문했나?"라는 말은 당시 물리학자들의 놀라움을 잘 예시하는 표현으로 지금도 널리 회자되고 있다. 이처럼 1930년대부터 하나 둘씩 발견되기 시작한 소립자는 현재 8백 종이 넘는다. 애초에 원자의 구조를 해명할 수 있으리라고 믿었던 소립자, 따라서 당연히 원자보다 훨씬 적은 숫자에 머물 것이라고 보았던 예상은 더이상 유지될 수 없게 되었다.

흥미로운 것은 소립자 물리학의 실험에 사용되는 에너지가 높아질수록 자꾸 새로운 입자가 발견된다는 사실이다. 그리하여 1995년에는 입자 하나의 무게가 수소 원자의 약 180배에 이르는 톱 쿼크(top quark)까지 발견되기에 이르렀다. 현재 이것보다 더 무거울 것으로 예상되면서(수소 원자의 약 200~1000배) 물질이 갖는 질량의 원인을 해명해줄 것으로 기대되는 힉스 입자(higg's particle)를 찾는 데에 많은 노력이 기울여지고 있다. 그러나 이 정도는 약과다. 현재 제시된 궁극적인 이론을 실험으로 직접 확인하려면 이보다 무려 1조 배 이상의 에너지가 투입되어야 할 것으로 예상되기 때문이다. 그리고 그 과정에서 그 어떤 새로운 입자가 나올 것인지는 아무도 모른다. '코스몬'이라는 입자는 이런 상황을 극단적으로 확장한 가상적인 결론이다. 궁극적으로는 우주 자체가 하나의 입자가 아닐까라는 생각이 그 배경을 이루고 있다. 물론 현재로서는 오직 상상에 불과할 뿐 아무런 이론적 근거도 없다. 그러나 긍정도 부정도 없는 상황에서는 온갖 가능성을 다 열어두고 추구하는 것이 과학의 본질이다. 비록 미약한 듯하지만 꾸준히 전진하는 모습을 지켜보면서 앞날의 성과를 기대해보자.

원자 및 분자적 현상을 중심으로 본 시간 척도의 개관

앞에서 "분자의 1회 진동을 1초라고 하면, 실제의 1초는 지구의 나

이와 비슷하다"고 했다. 다른 척도와 비교하면 우주의 나이도 1초에 해당할 수 있다. 아래 표에는 원자와 분자의 현상을 중심으로 이들을 모아서 서로 비교해봤다.

초당진동수	이름	시간(초)	관련현상	기 타
10^{15}	femtosecond	10^{-15}	전자의 궤역 전이	
10^{12}	picosecond	10^{-12}	분자의 진동 운동	
10^{9}	nanosecond	10^{-9}	작은 분자의 회전 운동	형광(螢光)
10^{6}	microsecond	10^{-6}	가장 빠른 화학 반응	
10^{3}	millisecond	10^{-3}	큰 분자의 회전 운동	인광(燐光)
$1(10^{0})$	second	$1(10^{0})$	빠른 화학 반응	순간(瞬間)(약 10^{-1}초)
10^{-3}	kilosecond	10^{3}	보통의 화학 반응	
10^{-6}	megasecond	10^{6}	느린 화학 반응	1년은 약 3천만 초
10^{-9}	gigasecond	10^{9}	사람의 일생	
10^{-12}	terasecond	10^{12}	지구의 나이	
10^{-15}	pentasecond	10^{15}	우주의 나이	

8. 지구 유치원

　자연과학 법칙 가운데 널리 알려진 것으로서 '엔트로피 증대법칙'이 있다. 그 내용을 정확히 이해하는 것은 꽤 까다롭다. 그러나 다행스럽게도 직관적으로는 쉽게 이해할 길이 있다. '엔트로피'는 한마디로 '무질서도', 곧 우리가 관찰하는 계가 얼마나 무질서한지를 나타내는 척도이다. 그리고 '엔트로피 증대법칙'은 "모든 자발적 과정에서 외부 간섭이 없는 계의 엔트로피는 언제나 증가한다"는 현상을 가리킨다.
　엔트로피 증대법칙에 대한 예로 '유치원의 비유'를 많이 든다. 유치원의 하루 일과는 질서 있는 상태에서 출발한다. 선생님이 힘을 쏟아 어린이들을 각자의 자리에 잘 배치한 뒤 시작되기 때문이다. 이런 경우가 바로 외부의 간섭에 의하여 형성된 상태이다. 그러나 시간이 흐르면서 선생님의 감독이 서서히 느슨해진다. 그에 따라 어린이들의 행동도 차츰 흐트러진다. 무질서도, 곧 엔트로피가 증가하기 시작하는 것이다. 마침내 쉬는 시간이 되면 한껏 해방된다. 그러면 어린이들의 엔트로피는 최대값에 도달한다. 다음 시간의 시작을 위하여 새로운 간섭이 있기 전까지는 계속 그런 상태가 유지된다. 엔트로피 증대법칙은 이처럼 직관적으로는 비교적 단순 명쾌하다. 그런데도 이 법칙이 널리 일반의 흥미를 끄는 이유는 거기에 실제적으로 매우 중요할 뿐 아니라 지적으로 상당히 매력적인 요소가 담겨 있기 때문이다.

우리 지구를 살펴보자. 인간이 비록 만물의 영장이라고는 하지만 정신적으로 완전히 성숙한 존재는 아니다. 따라서 기본적으로 우리 지구는 유치원 어린이들의 세상이다. 그리하여 오늘날 수많은 지역에서 무분별한 개발이 진행되고 있다. 그런 개발로 인하여 언뜻 겉으로는 질서가 창출되는 것처럼 보인다. 험난한 산, 강, 사막, 바다, 밀림 대신에 들어선 반듯한 길거리와 건물들로부터 그렇게 느낀다. 그러나 이것은 인간적 관점에서의 피상적인 질서에 불과하다. 실제로는 그런 개발에 따라 엄청난 양의 엔트로피 증가가 초래된다. 그리고 이 증가분은 고스란히 남은 환경이 책임질 부담으로 더해진다.

예전에는 그래도 괜찮았다. 태양이라는 거대한 에너지원으로부터 이러한 엔트로피 증가를 벌충하고도 남을 정도의 에너지가 계속 전해졌기 때문이다. 그러나 산업혁명 이후 상황이 급격히 악화되었다. 급기야 최근에는 1985년을 기점으로 인류의 자원 소비가 지구의 공급 능력을 초과했으며, 1999년에는 그 비율이 120%를 넘어섰다는 발표가 나왔다. 물론 아직은 회복 불능의 최대 엔트로피 상태에 도달하지 않았다. 하지만 지구 전체를 관리할 유치원 선생님은 없다. 따라서 인류 스스로 각성하지 않는 한 수십 년 안에 극도로 피폐한 환경에서 살게 되리라는 예상이다. 인류의 각성만으로 해결될 단계는 이미 지나쳤다. 과학의 도움이 필요하다. 다행히 현대 첨단과학의 발전에 비추어볼 때 지구 황폐 현상이 궁극적으로는 해소될 수도 있다는 예상이 나와 있어서 다소나마 위안이 된다.

인류는 지구상에 출현한 이래 갖은 난관을 극복하면서 가장 번성한 종이다. 그러나 역사를 돌이켜보면 알 수 있듯이, 수많은 민족과 국가를 쓰러뜨린 시련은 대개 내부로부터 자라난다. 인류에 대한 외부적 위협은 거의 없는 가운데 우리는 이제 새로운 내부적 시련을 맞고 있다. 그리고 여기에는 도덕적 각성과 지적 역량의 발휘가 요구된다. 인간이 과연 진정한 만물의 영장인지를 우리 스스로에게 증명할 시점에 살고 있는 셈이다.

엔트로피 증대법칙의 이해

자연과학에서 이른바 '제2법칙'이라고 불리는 두 가지 중요한 법칙이 있다.

첫째는 뉴턴의 세 가지 '운동법칙' 가운데 두번째 것인 '가속의 법칙'이다. 이것은 물리를 배울 때 첫 부분에서 나오며, 내용도 간단하기 때문에 누구나 잘 이해하고 있다. 하지만 확인 삼아 다시 써두기로 한다.

뉴턴의 운동 제2법칙 물체에 힘을 가하면 그 방향으로 가속이 일어난다. 그 크기는 가해지는 힘에 비례하고 물체의 질량에 반비례한다.

그리고 둘째는 열역학의 네 가지 법칙 중 제2법칙으로 불리는 '엔트로피 증대법칙'이다. 위에 가속의 법칙을 쓴 것에 맞추어 일단 그 내용을 말로 쓰면 다음과 같다.

엔트로피 증대법칙 모든 자발적 과정에서 고립계의 엔트로피는 언제나 증가한다.

이 두 가지 제2법칙을 각각 '운동 제2법칙' '열역학 제2법칙'으로 부른다. 그러나 '운동'이나 '열역학'과 같은 수식어를 앞에 붙이지 않고 그냥 '제2법칙'이라고 언급하면 주로 '열역학 제2법칙', 즉 여기서 말하는 '엔트로피 증대법칙'을 가리킨다.

　운동 제2법칙은 이미 말했듯이 비교적 쉽다. 그러나 열역학 제2법칙은 약간 까다롭다. 이를 이해하자면 '자발적 과정' '고립계' '엔트로피(entropy)' 등의 개념을 먼저 파악해야 하며, 그런 후에는 이것들을 위의 문장에 나온 형태로 종합했을 때의 의미를 알아야 하기 때문이다. 실제로 열역학 교재에는 그런 내용들이 모두 엄밀하게 다루어져 있다. 그리하여 최종적으로는 명확한 형태의 수식으로 표현되고, 그것을 실제 상황에 적용하여 수치적인 결과를 얻어낼 수 있도록 되어 있다. 여기서 그 구체적 내용을 보자는 것은 아니고, 다만 정식의 과학은 어느 정도의 면모를 갖춰야 하는지에 대한 실루엣을 음미한다는 정도로 받아들이면 되겠다(과학의 기본은 아이디어이다. 그러나 아이디어 자체만으로는 과학이 되지 않는다).

　어쨌든 다행히 그 기본적인 의미는 꼭 그렇게 엄밀하게 다루지 않더라도 충분히 이해할 수 있다. 바로 본문에 나와 있듯이 '엔트로피=무질서도'로 이해하고, 나머지 개념들도 일상적인 의미를 중심으로 살펴보면 된다. 여기서는 이러한 개괄적인 길을 따라가보기로 하자.

　먼저 '계(界)'라고 함은 '우리의 관찰 대상'을 가리킨다. 그리고 '고립계'는 '외부와 아무런 교류가 없는 계'를 말한다. 현실적으로 완벽한 고립계를 만드는 것은 불가능하지만 일상적으로 가장 가까운 것으로는 보온병을 들 수 있다. 보온병을 잘 밀폐시키면 그 안의 뜨거운 커피나 찬 음료수는 비교적 긴 시간 동안 그 상태를 유지한다. 다음으로 '자발적 과정'은 '고립계 안에서 일어나는 모든 물리적 화학적 변화'

를 말한다. 보통 가장 많이 드는 예로는 물이 들어 있는 컵에 잉크를 한 방울 떨어뜨렸을 때 서서히 퍼져가서 결국 전체적으로 잉크 색이 된다는 것이 있다. 설탕이나 소금이 물에 녹아 들어가는 것, 감독자가 없을 때 유치원 아이들이 차츰 무질서해지는 것 등도 마찬가지 현상이다. 이제 이 고립계와 자발적 과정을 합쳐서 생각하면 엔트로피 증대법칙이 따라나온다. 그리고 그것은 이들 예에서 보듯이 직관적으로 너무나 자연스럽고도 쉽게 이해가 된다(설탕이나 소금이 고체의 알갱이로 있을 때는 결정 상태로서 마치 유치원 아이들이 각자의 자리에 잘 정렬해서 앉아 있는 것과 같다. 그러나 물에 넣고 가만히 놔두면 자발적으로 흐트러져서 물 속으로 녹아들어가며, 이것은 아이들이 한껏 제멋대로 뛰노는 상황에 해당한다).

엔트로피 증대법칙의 적용

다음 단계로 엔트로피 증대법칙을 우주와 태양계와 지구라는 세 곳에 적용시켜보자.

우주는 대략 말하자면 '모든 것이 있는 곳'이다. 따라서 이런 관념 그대로 보자면 있을 수 있는 유일한 고립계다. 우주가 물컵이라면 그 안의 모든 물질들은 잉크와 같다. 한없이 퍼져가는 일을 전체적으로 '완전히 균일하게 될 때까지(=최대로 무질서하게 될 때까지=최대 엔트로피 상태가 될 때까지)' 계속 하려고 한다. 그리하여 결국 최대 엔트로피 상태가 되고 나면 더이상의 변화는 일어나지 않는다. 이것이 바로 이른바 '열역학적 죽음'이다.

다음으로 태양계를 보자. 태양계의 경우 어떤 명확한 경계가 있는 것이 아니므로 태양 에너지가 태양계 밖으로 나갈 수도 있고 태양계 밖의 에너지가 들어올 수도 있다. 그러나 실제적으로 그런 에너지의 교환을 우리 인간이 이용할 수는 없다. 따라서 (이론적으로는 고립계가 아니지만) 우리 인간적 관점에서는 고립계나 마찬가지다. 그리하여 우주 전체의 운명과는 상관없이 태양의 에너지가 모두 소진되어 태양계 전체의 온도가 균일하게 되는 때가 바로 태양계의 열역학적 죽음에 이르는 때이다.

지구의 경우는 어떨까? 지구는 이론적으로나 실제적으로나 고립계가 아니다. 날이면 날마다 태양으로부터 엄청난 에너지가 계속 전해지기 때문이다. 따라서 적어도 태양 에너지 자체가 고갈되지 않는 한 지구 혼자서만 최대 엔트로피 상태에 도달하는 일은 없다. 그러나 문제는 이렇게 전해지는 태양 에너지를 우리가 충분히 효율적으로 사용할 수 없다는 데에 있다. 사실 현재 전세계적으로 에너지 부족 사태가 곧 닥칠 것으로 예상되어 이를 해결하기 위한 노력이 치열하게 펼쳐지고 있다. 만일 지구에 전해지는 태양 에너지를 우리의 소용에 닿도록 효율적으로 사용할 수만 있다면 소위 말하는 에너지 부족 사태라는 것은 일거에 해소되고 만다. 그러나 현실적으로 그렇지 못하기 때문에 석유, 천연가스, 석탄, 원자력 등 지구가 자체적으로 보유하고 있는 에너지에 의존하지 않을 수 없다.

다시 말해서 엔트로피 증대법칙을 지구에 대하여 적용할 경우, 우리 인류에게 가장 의미 있는 것은 '지구가 자체적으로 보유하고 있는 에너지'에 대해서만 적용하는 것이 된다. 그러나 애석하게도 이 에너지는 무궁무진하지 않다. 이 에너지가 지금 파묻혀 있는 땅에서 빠져나와 인류의 소비라는 과정을 거쳐 지구상의 도처로 흩어져 나가면 서서히 우리 지구는 그 최대 엔트로피 상태에 도달하게 된다. 다시 말해서 지구가 물컵이라면 석유, 천연가스, 석탄, 원자력 등의 에너지는 그 안에서 퍼져 나가고 있는 잉크와 같다는 뜻이다.

엔트로피 증대법칙과 지구의 황폐화

위에서 봤듯이 엔트로피 증대법칙은 상황에 따라서 가장 적절한 방식으로 적용되어야 한다. 그리하여 우리 지구의 경우 앞으로 핵융합 발전이나 획기적인 태양열 활용법 등이 개발되지 않는 한 이른바 화석연료라고 불리는 석유, 천연가스, 석탄이 다 소비되고 나면 에너지의 소비 관점에서는 사실상 열역학적인 죽음을 맞게 된다(화석연료는 고생대 이래 번성했던 동식물의 잔해가 탄화되어 형성된 것을 말한다. 따라서 원자력 발전의 '연료'라고 할 수 있는 우라늄은 화석연료가 아니다). 그런 상황이 과연 닥칠지, 닥친다면 인류의 생활이 정말 다시 산업혁명 이전의 상황으로 돌아가게 될 것인지 등이 분명하지는 않다. 하지만 그런 자원들이 몇십 년 이상 버티지 못할 것으로 예측되는 이상 그

대비를 게을리 해서는 안 된다.

그러나 인류의 장래에 닥칠 재앙은 이것뿐만이 아니다. 설사 화석연료가 충분한 세월을 버텨준다고 하더라도 다른 원인들로 인하여 우리 지구의 환경이 황폐화되면 또다른 의미로서의 열역학적인 죽음을 맞게 된다. 그 대표적인 예가 각종 공해의 증가로 인한 지구 자정(自淨) 능력의 감퇴, 열대우림의 파괴로 인한 대기 조성의 변화(특히 이산화탄소의 증가), 이산화탄소의 증가로 인한 지구온난화, 지구온난화로 인한 해수면의 상승, 해수면의 상승으로 인한 일기 변화의 광포화(狂暴化) 등이다. 이와 같은 상황에 이르면 인간의 능력으로 제어할 수 있는 한계를 넘어서게 되며, 따라서 사실상 아무런 대책도 없는 상황에서 오직 자연의 은혜에 우리의 운명을 맡길 수밖에 없게 되고 만다.

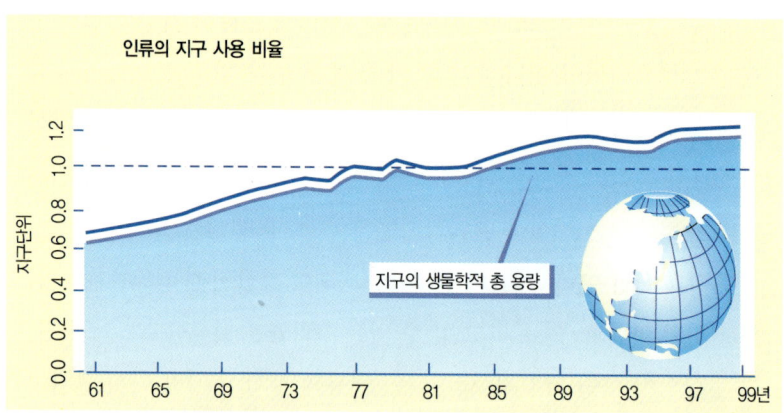

〔그림 23〕 인류의 지구 자원 사용 비율. '지구의 생물학적 총 용량'은 바로 지구 자체의 정화 및 재공급 능력을 가리킨다. 이 용량을 1로 봤을 때 1980년대 중반 이후부터 이를 넘어선 것으로 나타나 있다. 이로부터 초래되는 여분의 무질서가 계속 쌓여가면 결국 지구는 그로 인한 열역학적 죽음을 맞게 된다.

지금까지, 좀더 정확히 말하자면 앞에 나왔듯이 1985년 이전까지는 지구 자체의 능력으로 이와 같은 인간 활동을 그럭저럭 배겨낼 수 있었다. 그러나 그후로는 더이상 지탱할 수 없게 되었다. 따라서 지구 자체의 정화 및 재공급 능력을 초과하는 여분의 무질서는 갈수록 점점 늘어만 간다. 그 상태가 최대점에 이르면 이 지구로부터 유용하게 뽑아 쓸 자원은 고갈되며, 그 결과는 당연히 인류의 파멸로 이어지게 된다.

만물의 영장과 내부로부터의 도전

경제학에 톱니효과(ratchet effect)라는 것이 있다. 사람은 그 생활 수준이 높아지는 과정에서는 잘 적응해가지만, 반대로 한번 높이 올라선 생활 수준에서 낮은 수준으로 떨어지는 과정에는 심하게 반발한다는 현상을 말한다(여기서 말하는 톱니는 톱니바퀴 가운데서도 한쪽 방향으로는 잘 돌아가되, 다른 방향으로는 돌아가지 못하도록 잠금 장치의 기능을 하는 것을 가리킨다). 생활 여건이 상승 과정을 잘 받쳐줄 때에는 별다른 문제가 없다. 그러나 그 반대의 과정을 맞이할 때에는 사람의 마음이 자신의 생각을 따라주지 않는다. 그리하여 뻔히 알면서도 자멸의 길을 가게 되는 경우가 많다. 게다가 더욱 불리한 것은 대개의 경우 이런 과정이 '악순환'(惡循環, vicious circle)의 성격을 띤다는 점이다. 자원은 부족한데 생활은 예전대로 유지하려 하고, 그러다 보니 자원은 더욱 부족해지고, 결국 그나마 남은 환경은 더욱 급속히 황폐화되어 간다.

이런 점에서 우리의 현재 상황은 단순히 각성만 한다고 해서 해결될 전망이 밝다고 보기는 어렵다. 완전한 해결을 얻으려면 소모적인 생활 패턴을 바꿔야 하는데, 톱니효과 때문에 뻔히 알면서도 정작 실행에 옮기기는 극히 어렵기 때문이다. 더구나 현재 우리 지구는 최대의 인구 대국으로 꼽히는 중국(13억)과 인도(10억)가 이제 막 본격적인 성장 단계로 접어들었다는 점에서 더욱 힘든 상황을 맞고 있다. 그들은 지금 거의 한풀이에 가까운 저돌적인 자세로 성장을 추구하고 있다. 그들의 약진을 막을 명분도 없을 뿐 아니라 실제적인 수단도 거의 없다고 봐야 한다. 기타 다른 곳의 상황도 비슷하다. 동남아나 남미 등 21세기의 폭발적인 성장을 준비하고 있는 곳들은 환경 파괴의 잠재력도 매우 크다. 지구 전체적으로 볼 때 환경 자원의 보루가 그런 곳들에 널려 있는데, 바로 그곳에서 환경 파괴가 이루어지기 때문이다.

이처럼 현재의 상황은 인간적인 측면에만 의존해서는 해결하기 어려운 단계에 와 있다. 그렇다면 남은 길은 인간적 측면 외의 방법을 병행하는 길뿐이고, 그 길은 당연히 과학과 손잡을 수밖에 없다. 그런데 다행히도 21세기의 현대 과학은 상당한 수준에 올라 있다. 따라서 적절하게만 운용된다면 현재의 생활 수준을 뒷받침할 수 있을 뿐 아니라, 장래의 성장도 어느 정도 보장해줄 수 있다고 한다.

그러나 이 모든 것이 저절로 되지는 않는다. 인류의 각성과 과학의 발달 및 그 올바른 적용이 잘 어울려야 한다. 그런데 여기서 한 가지 중

[그림 24] 테니스 네트를 고정하는 데에 쓰이는 톱니바퀴의 모습. 그 구조상 네트를 팽팽하게 당기는 방향으로는 잘 돌아가지만, 네트가 느슨해지는 방향으로는 돌아가지 못하도록 되어 있다.

요한 것은 이런 문제들이 이전의 역사에서 인류가 겪었던 문제들과 사뭇 다르다는 점이다. 예전에는 대자연이나 다른 민족들이 '외적(外敵)'으로 나타났다. 그리하여 타도와 정복의 대상으로 간주되었다. 그러나 이제는 그 모두가 다 합쳐져서 지구촌이라는 하나의 전체가 되었다. 따라서 오늘날 우리가 당면한 환경 문제는 외부가 아닌 '내부로부터의 도전 또는 시련'으로 떠오르고 있다(아직도 외부적 위협이라고 부를 만한 것으로는 우주로부터 날아드는 거대 운석과의 충돌뿐이라고 할 수 있다. 이것에 대해서도 현재 각종 대비책이 연구되고 있다). 그런 의미에서 지난 역사의 교훈이 새롭게 다가선다. 인류의 역사를 돌이켜볼 때 주요 국가와 문화가 멸망한 원인의 출처는 바깥쪽보다 안쪽이 더 많았다. 다시 말해서 최대의 적은 바로 '내부로부터의 적'이라는 사실이 역사의 가르침이다.

그 동안 우리 인류는 다른 모든 생물들과 비교하면서 이른바 '만물의 영장'이라고 스스로를 높여 불렀다. 그리하여 이런 지위를 토대로 그 '외적'들을 정복해갔다. 그러면서 그들에게 우리가 만물의 영장임을 증명해 보였다. 그러나 이제는 방향이 달라졌다. 우리가 진정한 만물의 영장이라면 그 사실을 우리 스스로에게 증명해야 한다. 그리고 이 증명 과정은 바로 '내부로부터의 도전'을 극복함으로써 이루어질 것이다. 이처럼 오늘날의 문제에서도 역사의 교훈은 되풀이된다. 다만 과학이라는 새로운 도움을 필요로 한다는 점에서 종래의 양상과는 근본적으로 다르다. 과연 인류가 현대의 위기를 어떻게 극복해갈 것인지, 모두가 주목하면서 함께 노력해야 할 때라고 하지 않을 수 없다.

9. 본능인가 배움인가

　이른바 '원조교제' 문제가 지속적으로 우리 사회의 관심을 끌고 있다. '원조援助교제'의 원조元祖는 일본이다. 일제 강점 시기 이래 한일간의 정상적인 문화 교류는 한동안 억제되었다. 그런 가운데 "악화는 양화를 구축한다"는 진리(?)가 작용한 탓일까? 군국주의의 잔재, 밀실 정치, 경제 제일주의, 주입 및 암기식 교육, 폭탄주, 퇴폐적 성문화 등 우리 사회에 미친 그릇된 일본 문화의 영향은 매우 크다. "원조교제라는 말이 그 범죄적 속성을 교묘하게 가린다"는 비판에 따라 얼마 전에는 '청소년 성범죄'라는 말로 고쳤다. 그러나 직관적 호소력 때문에 원조교제라는 말이 아직도 널리 쓰인다.

　우리는 흔히 식욕과 성욕을 '인간의 2대 본능'으로 내세운다. 또다른 견해는 부, 권력, 명예에 대한 욕구를 '인간의 3대 욕망'으로 꼽는다. 그런데 성욕은 부와 권력에 은밀하게 관련되어 있다.

따라서 어느 견해에서나 성욕을 인간으로서는 거의 불가항력이라고 본다. 그리하여 많은 사람들이 "허리 아래는 얘기하지 말라"며 입을 닫는다. 인간 이성의 한계를 넘는 것이므로 그것을 문제삼는 태도 자체가 문제라는 것이다.

그러나 반대의 얘기도 많다. "금강산도 식후경"이란 속담이 있다. 이 관점에서 보자면 "성욕도 비록 강하지만 우선 먹고사는 것이 더 급하다"고 새길 수 있다. 한 사례 조사가 이를 뒷받침한다. "달콤한 섹스와 근사한 레스토랑에서의 저녁 식사 중 어느 것이 더 매력적인가?"라는 설문에 다수의 사람들이 식사를 택했다. 이에 대한 논란의 여지는 있다. 하지만 적어도 성욕은 식욕보다 2차적 욕망이란 점은 분명하다. 간디는 '20세기의 기적'이라고 불린다. 아인슈타인은 "그런 인간이 지구 위를 걸어다녔다는 사실을 믿을 수 없다"라고 말했다. 오죽 했으면 '위대한 영혼'이란 뜻의 '마하트마'라는 수식어를 그 이름 앞에 붙였을까? 그런데 그는 스스로 도달한 경지를 다른 사람이 아닌 자기 자신이 확인하려 했다. 그래서 젊고 예쁜 여자를 품에 안고 여러 밤을 보냈다. 섹스는 하지 않고서…… 그러나 어쨌든 그도 인간이다. 너무 특별히 볼 필요는 없다.

중국의 팬더는 멸종위기에 처한 희귀동물이다. 그런데 야생 팬더와 달리 동물원의 팬더는 번식력에 문제가 있다. 도대체 섹스에 대하여 별 흥미를 보이지 않는다. 결국 '팬더 판 섹스 비디오'를 수컷 팬더에게 보여주는 '팬더 판 성교육'까지 나왔다. 최종 성과는 아직 모르나 일단 수컷의 '진지한 학습 자세'로 보아 성공적이라고 한다. "배부르고 등 따뜻하면 딴 생각이 든다"는 것은 사람의 속성이다. 그러나 거친 환경에서 매순간 삶과 죽음의 경계를 드나드는 야생동물에게는 너무나 호사스런 얘기다. 그들에게는 "배부르고 등 따뜻하면 아무 생각도 없다"는 것이 더 어울린다.

원조교제의 당사자는 추구하는 것이 다르다. 어른은 섹스 자체다. 그리고 "성욕은 본능"이라고 변명한다. 청소년은 어떨까? 표현력은 부족하지만 그들의 변명과 항변의 요체는 "그렇지 않다"는 것이다. 그 배경에는 못 다할 얘기가 넘친다. 섹스는 본능보다 배움에 가깝다. 청소년은 거의 '본능적으로' 이 사실을 '배우는데', 왜 어른은 나이가 든 후에 다시 본능이라고 둘러댈까? 어른에 대한 '2차 성교육'이 청소년에 대한 '첫 성교육'보다 훨씬 더 시급하고 절실한 듯싶다.

현대는 '성(性)의 바다'에 빠져드는가?

성, 즉 섹스의 문제는 참으로 광범위하다. 가장 기본적인 생물학으로부터 시작하여 진화론, 철학, 사회학, 인류학, 정신분석학, 문학, 예술 등 인간 생활의 모든 영역에 관련되어 있다. 물론 섹스 외의 다른 문제 가운데에도 이처럼 광범위한 것이 없으란 법은 없다. 그러나 적어도 모든 사람들에게 공통적으로 해당된다는 점에서만 보자면 이보다 더 폭넓은 문제는 정말 드물다고 할 수 있다.

특히 현대에 들어서는 더욱 그렇다. 역사를 돌이켜볼 때 어느 한 지역, 일부 계층에서 성적인 자유분방함이 오늘날보다 더 두드러졌던 예는 많이 발견된다. 성경에 나오는 소돔과 고모라의 비극, 로마 말기 귀족 사회의 풍조, 그리고 세계사의 곳곳에서 찾아볼 수 있는 퇴폐적인 궁정 문화 등을 예로 들 수 있다. 그러나 오늘날처럼 거의 모든 분야에서 이토록 확산되고 있는 현상은 유례가 없는 것으로 여겨진다. 이른바 '성의 범람'으로서, 세상이 온통 '성의 바다'에 빠져들고 있는 것 같은 느낌이 들 정도다.

우리나라도 예외는 아니어서 그 물결에 휩쓸리고 있다. 실제로는 그냥 휩쓸리는 정도가 아니라 오히려 이제는 앞서 나아가는 형국으로 보이기도 한다. 그리고 그 형태도 아주 다양하다. 도시의 밤을 밝히는 수많은 향락 산업들, 도시 주변은 물론 전국 어디서나 조금 한적한 곳이면 으레 눈에 띄는 이른바 러브 호텔들, 겉모습은 일반 직업이지만 알고 보면 윤락과 관련되는 업종들, 인터넷상에서 한두 번의 클릭만으로도 어김없이 연결되는 수많은 도색 사이트들, 이런 풍조를 더욱 부추기는 각종 연예 산업들, 외설의 한계를 아슬아슬하게 건드리는 책과 방송들, 그리고 이런 거대한 흐름에 몸을 던져 동참해가는 다양한 연령층의 사람들 등등.

 이런 여러 가지 측면 가운데 우리 사회에 큰 문제점으로 등장한 것이 바로 원조교제다. 이 말이 처음 등장한 것은 몇 년 전에 불과하며 당시만 해도 설마 하는 생각이 앞섰다. 그러나 짧은 기간 동안에 급속히 퍼져서 이제는 우리 사회에 깃들인 퇴폐적 성문화의 뚜렷한 한 줄기로 자리잡고 말았다. 이러한 원조교제의 원조는 일본이다. 그런데 이제는 우리나라뿐 아니라 호주에도 수출되었다고 한다. 일본의 어린 유학생들이 생활영어 학습을 핑계삼아 시작했으며, 일본뿐 아니라 동남아의 다른 유학생들도 이에 따라나섰다. 지금은 개방하고 있지만 호주는 얼마 전까지만 해도 백호주의(白濠主義)를 내세워 유색인종의 이민을 받아들이지 않았다. 그만큼 은연중에 인종적 편견 내지 자존심이 강한 사회인데, 이런 부끄러운 행동을 함으로써 아시아계 전체의 위상을 더욱 실추시키고 있다.

올바른 성문화의 형성

 오늘날 성 해방의 거센 물결은 언제부터 시작되었을까? 정확히 꼬집기는 어렵지만 1960년대 후반에 미국에서 경구용 피임약(먹는 피임

약)을 공식적으로 승인한 것이 중요한 계기가 되었다고 말할 수 있다. 물론 그전에도 콘돔과 같은 피임 도구가 있었다. 하지만 사용의 간편성과 은밀성이란 점에서 경구용 피임약은 혁명과도 같은 영향을 미쳤다. 그때까지 성 문제와 관련하여 '원치 않은 임신'은 여성을 옭아매는 영원한 족쇄처럼 보였다. 그러나 이로 인하여 그 속박을 벗었으며, 역사상 처음으로 남성과 거의 동등한 수준의 자유를 얻게 되었다. 그리하여 이른바 '프리섹스(free sex)'의 파도는 미국을 넘어 전세계로 번져갔고, 반세기가 지나도록 거침없이 진행되어왔다.

그러나 "달도 차면 기운다"는 속담도 있듯이, 이런 경향이 끝없이 확산될 것으로는 보이지 않는다. 실제로 인류 역사를 죽 살펴볼 때 성 문제에 있어서 억압과 해방은 길고 긴 줄다리기와 같았다. 아무리 억압된 사회에서도 은밀하나마 욕망의 출구는 마련되어 있었고, 아무리 개방된 사회라도 순결과 정조를 굳게 지키는 사람들도 많았다. 다만 현재 우리는 그 줄다리기가 해방 쪽으로 많이 기우는 시기에 살고 있을 뿐이다. 따라서 수많은 자연계 및 인간 사회의 현상들이 순환의 모습을 보이듯이, 오늘날의 성 문제도 기본적으로는 순환론적 관점에서 볼 필요가 있다고 여겨진다. 실제로 최근에 프랑스에서 벌어지고 있는 한 사태는 이런 관점에서 볼 때 시사하는 바가 있다. 아래에 그 기사를 인용해보기로 한다.

프랑스는 지금 섹스와의 전쟁중

에로티시즘이 거리낌없이 표현되고 개인주의가 만연한 프랑스에서 전례 없는 '섹스와의 전쟁'이 한창이다. 프랑스에서는 최근 매춘 고객이 입건된 데 이어 아동 성학대를 소재로 한 소설의 판금 논란이 빚어졌으며 TV 포르노 프로그램 금지 방안이 논의되고 있다. 에로티시즘에 대한 금기가 별로 없고 성 관련 표현이 자유로운 프랑스에서 섹스가 사회적 논란거리로 떠오른 것은 다소 이례적인 현상이다. 보르도 지방법원은 지난주 남성 매춘 고객 4명을 기소했으며 리옹 등 일부 도시는 시 중심가와 주택가 등에서의 매춘을 금지했다. 매춘이 불법이 아닌 프랑스에서 매춘 고객이 기소되기는 처음으로 보르도 법원은 이들을 지나친 성 노출 혐의로 기소했다. 문화부는 최근 청소년 성학대를 다룬 『분홍 사탕 *Rose Bonbon*』의 판금 논란이 빚어지자 이를 비닐 봉투에 싸서 성인에게만 판매하도록 해 청소년들이 이 소설에 접근하는 것을 막았다. 방송감독당국인 시청각위원회는 TV에서 포르노 프로그램을 전면 금지하자고 제안해 이에 대한 찬반 논란이 계속되고 있다. 성에 대해 비교적 관대한 프랑스에서 이처럼 성과 관련한 논란이 가열되고 있는 것은 최근 매춘, 아동 성학대, 청소년 성범죄 등이 크게 늘었기 때문이다. 특히 매춘은 최근에 대폭 증가한 동구, 아랍권 출신 밀입국 여성들이 주로 매춘에 종사하면서 새로운 사회문제로 대두하고 있다. 주목되는 것은 프랑스가 전에 없이 섹스와의 전쟁을 벌이면서도 이와 관련한 찬반 양론이 뜨겁다는 점이다. 당국이 매춘 단속을 벌이자 매춘부들은 물론 동성연애자, 일부 여성단체들까지 거리로 뛰쳐나와 "경찰, 신부, 검열, 감옥…… 도와달라, 우리는 숨막히고 있다"며 항의했다. 유력 일간지 『르몽드』는 청소년 보호를 이유로 TV 포르노를 금지하는 데 대해 13세

이상 비행 청소년들을 수감키로 한 정부 결정과 비교한 뒤 일관성 없는 청소년보호 정책이라며 부정적인 입장을 보였다. 장 자크 아야공 문화부 장관도 검열이 능사는 아니라면서 TV 포르노 금지를 주장하는 학부모, 시민단체 등에 맞서 과감히 반대 입장을 표명했다.

여기에서도 보듯이 지나친 성 해방 풍조는 여러모로 많은 부작용을 가져온다. 따라서 어느 수준을 넘어서면 필연적으로 그에 대한 반발의 움직임이 나타난다. 이 기사는 비록 프랑스에서의 일이지만 어떤 면에서 어떤 식으로 논란이 일어나며, 그에 대한 대응은 또 어떻게 이뤄지는지를 보여준다는 점에서 앞으로의 추이가 자못 주목된다. 우리보다 한 단계 더 개방적이라는 점만 다를 뿐, 구체적으로 따지자면 그에 대응하는 측면들이 우리나라에도 사실상 모두 존재하기 때문이다. 우리나라에서도 청소년을 대상으로 한 성범죄자의 신상을 공개하고 있으며, 러브 호텔의 난립을 저지하는 운동을 벌이는 등 성 해방의 물결이 바람직하지 않은 방향으로 번지는 것에 대한 반발이 확산되고 있다. 이러한 대결의 귀결이 정확히 어찌 될지 예측하기는 곤란하다. 그러나 대략 다음의 몇 가지는 내다볼 수 있을 것으로 생각된다.

첫째, 성 개방 풍조가 상황에 따라 다소 위축될 수도 있겠으나 다시는 예전과 같은 강한 억압의 시대로 돌아가지는 않을 것이다. 억압을 계속 유지하기도 어렵지만 한번 해방된 사태를 다시 되돌리기는 그보다 더 어렵다. 나아가 성 개방 풍조가 완전히 바람직한 것도 아닌 반면 완전히 부정적인 것도 아니어서 일률적으로 억압할 명분도 없다.

둘째, 성 개방이 아무리 확산되더라도 기본적으로 보호되어야 할 성적 자유 내지 성적 신념은 그에 비례해서 더욱 강하게 보호되는 움직임이 나타날 것이다. 세태가 어떻게 변하든지 본질적으로 건드릴 수 없는 대상이나 가치는 항상 있게 마련이며, 그에 대한 보호는 외부적인 도전이 거셀수록 자연스럽게 더 강화되어 나오기 때문이다. 청소년보호법상의 청소년에 대한 성적 보호가 그 대표적인 예이다 (청소년보호법 제2조 제1항: '청소년'이라 함은 만 19세 미만의 자를 말한다. 다만, 만 19세에 도달하는 해의 1월 1일을 맞이한 자를 제외한다). 그리고 근래 큰 쟁점으로 떠오르고 있는 '부부 사이의 강간'이란 문제도 이런 측면의 하나라고 볼 수 있다.

셋째, 앞으로도 어느 정도의 부침(浮沈)은 계속 있겠지만 성 개방 풍조의 확산 과정에서 다양한 성적 관점의 스펙트럼이 형성되어 나올 것이다. 이미 서구 여러 나라에서는 매춘이 합법화되어 있고, 동성애도 금기시되지 않으며, 가족 제도의 형태도 여러 가지 모습으로 등장하고 있다. 더 세부적으로 따지면 예전의 천편일률적인 섹스관에 비하여 훨씬 다양한 견해들을 찾을 수 있다. 마치 백화점에서 한 종류의 품목에도 아주 다양한 상품들이 골고루 진열되어 있는 것에 비유된다고 하겠다.

넷째, 이처럼 성문화의 스펙트럼이 폭넓게 형성됨에 따라 각 개인의 입장에서는 보다 뚜렷한 섹스관을 가질 필요성이 증대될 것이다. 예전에는 그저 기존의 단순한 제도에 수동적으로 맞춰가기만 하면 그만이었다. 그러나 이제는 주체적이고도 능동적으로 고유의 섹스관을 형성해야 한다. 각자의 인생이 그것에 따라서 크게 좌우될 수 있기 때문이다.

성교육은 평생교육이다

위에서 본 것처럼 앞으로 우리 사회도 다양한 성문화를 경험하게 될 것이다. 이에 따라 당연히 그에 대한 교육도 강화되어야 한다. 이른바 성교육이라고 하는 것이 그것이다. 그런데 그 동안 성교육이라고 하면 으레 미성년자나 청소년들에게만 행해지는 것으로 여겨져왔다. 그러나 원조교제의 문제에서 보듯이 문제점은 도리어 성인들에게 더 많은 경우도 많다. 청소년을 계도 및 선도해야 할 사람 자신들이 그럴 자격이 없는 사람들이라면 당연히 그들부터 먼저 교육의 대상으로 삼아야 한다.

원조교제를 하는 성인들은 한마디로 말해서 올바른 섹스관을 갖지 못한 사람들이다. 우리는 은연중에 "성인(成人)이라면 당연히 모든 면에서 성인답게 행동할 능력을 갖췄을 것이다"라는 생각을 갖고 있다. 그러나 구체적으로 들여다보면 나이만 성인일 뿐 성인답지 못한 구석이 많은 경우가 허다하다. 이런 예는 멀리서 찾을 필요도 없다. 누구나 각자의 내면을 조금만 둘러보면 금세 발견할 수 있다. 그것도 한두 가지가 아니라 아주 많다. 간혹 신문 등에서 "우리 사회에는 본받을 만한 어른이 없다"라고 개탄조로 얘기하는 글을 보게 되는바, 바로 이런 점을 가리키는 것이다. 그리하여 다른 많은 측면에서는 성인이되, 섹스관에서는 그렇지 못한 사람들이 많다. 지난번 제3차 청소년 대상 성범죄자들의 명단이 공개되었을 때 의사, 교수, 언론인 등 소위 말해서 '사회 지도층'에 있는 사람들도 들어 있었다. 이런 사람들은 적어도 각자의 전공 분야에 관한 한 다른 일반 성인들을 가르칠 수준에 올라 있다. 그러나 섹스관이라는 측면에서는 오히려 다른 사람들로부터 교육이나 지도를 받아야 할 수준에 머물고 있다.

근래 노년층의 성 문제도 새로운 사회 문제로 떠오르고 있다. 그리하여 "사람은 살아 있는 한 섹스에서 결코 무생물일 수 없다"는 점에 대한 인식이 새롭게 확산되고 있다. 얼마 전에는 70대 노인의 성 문제를 다룬 영화 〈죽어도 좋아〉의 상영 여부를 둘러싸고 논란이 벌어지기도 했다. 최종적으로 '18세 이상 관람가' 판정을 받아 곧 일반에게 공개될 예정이라고 하므로 앞으로 이 문제에 대한 관심을 불러일으키는 데에 크게 기여할 것으로 예상된다.

예전에 처음 '성교육'이란 말이 나올 때만 하더라도 "자연스럽게 알게 되는 것을 뭐 따로 가르치고 배우고 하는가?"라는 얘기도 많았다. 그러나 현재는 그 필요성을 아무도 부정하지 않는다. 이제 그것이 청소년뿐 아니라 성인 및 노년층에까지 확대되어야 한다는 얘기도 자연스럽게 받아들여져야 한다. 다만 성교육의 특성상 꼭 남이 가르쳐주는 것을 배워야 한다는 측면보다는 스스로 배워나가는 측면이 더 많을 것이기는 하다. 그러나 여러 언론 방송 매체나 기관 단체 등에서 적절한 교육 기회를 제공해야 할 것이다. 현재 다른 많은 분야에서 '평생교육'이 자연스럽게 정착되는 것과 마찬가지로 "성교육도 평생교육"이라는 인식이 제대로 정착되기를 기대한다.

Nature or nurture?

이 글의 제목인 "본능인가 배움인가?"를 영어로는 발음상 좋은 대조를 이루는 두 단어를 결합하여 "Nature or nurture?"라고 표현한다. 또 다른 말로 제기되는 이른바 "유전이냐 환경이냐?" "소질이냐 훈련이냐?" 등과 같은 문제도 본질적으로는 모두 같은 부류에 속한다. 그리고 이에 관련되는 인간의 특성으로서 길고 긴 논쟁으로 이어지는 것들은 매우 많다. 그러나 높은 수준에 도달한 현대 과학으로도 그 해답이 명쾌하게 밝혀진 것은 극히 드물다. 성과 관련된 대표적인 예로는 "인간의 '동성애적 경향'이 선천적인 유전으로 결정되는가 아니면 후천적인 환경에 의하여 습득되는가?"라는 것이 있다. 이에 대해서도 현재까지 수많은 논란이 있을 뿐 확연한 결론은 내려져 있지 않다.

위에서 성인들에 대한 성교육, 그리고 평생교육으로서의 성교육에 관하여 얘기했다. 이처럼 성에 대해서도 '교육'이란 말이 자연스럽게 따라붙는다는 사실은 성이 완전히 'nature'적인 측면으로만 이뤄진 것은 아니며, 'nurture'적 측면도 많다는 점을 단적으로 말해준다. 만일 인간이 아무런 성교육도 없는 채로 성행위를 한다면 그것은 말 그대로 동물적 차원의 성일 수밖에 없을 것이다. 이른바 '성전(性典)'이라고 불리는 『소녀경(素女經)』과 『카마수트라 *Kamasutra*』도 그 기본적인 취지는 올바른 성교육에 있다고 말할 수 있다. 결론적으로 각자 나름대로 바람직한 섹스관을 갖추려면 성의 선천적 측면과 후천적 측면을 잘 조화시켜야 한다고 여겨진다.

끝으로 이상의 내용과 관련하여 최근 미국에서 일고 있는 새로운 모습의 성혁명에 대한 기사를 인용하면서 마무리하고자 한다.

〔그림 25〕 멸종 위기에 처한 팬더. 중국이 원산지인 팬더는 야생에서보다 동물원에 있을 때 번식력이 급격히 떨어져 멸종 위기가 완전히 해소되지 않고 있다. 팬더 판 성교육 비디오를 보여주기도 하고, 최근에는 비아그라(viagra)를 투여하기도 했다. 최후 수단으로는 인공 수정을 사용한다.

미국 10대들 순결 중시 성혁명

　미국의 청소년들 사이에서 순결을 중시하는 새로운 성혁명이 일어나고 있다고 시사주간지 『뉴스위크』가 보도했다. 『뉴스위크』는 2002년 12월 9일자 커버 스토리에서 성욕을 자극하는 TV쇼와 음악 속에서 자라난 고교생들 가운데 점점 더 많은 아이들이 결혼 때까지 순결을 지키기로 결심하고 있다고 밝혔다. 이 잡지는 부모 세대들이 추구했던 성 해방 풍조를 거부하는 청소년의 물결은 '새로운 대항문화'를 대변하며 시청률 제고와 상품 판매를 위해 빈번히 성을 이용하는 주요 대중매체의 경향과는 배치되는 흐름이라고 지적했다. 『뉴스위크』는 성관계를 갖지 않겠다고 밝힌 고교생의 수가 1991년에서 2001년 사이 거의 10%나 증가했다는 질병통제센터의 조사 결과를 인용한 뒤 실제로 순결을 지키기로 결심한 청소년들과 인터뷰를 통해 이들이 이런 결심을 하기까지 있었던 배경을 추적했다. 물론 종교가 청소년들의 순결 유지 결심에 큰 영향을 미친 것은 분명하지만 부모에 대한 배려라든지 준비가 덜 됐다는 자신들의 생각, 자신의 운명을 통제하고 싶다는 인식 등 다른 요인들도 작용했을 것이라고 이 잡지는 지적했다. 『뉴스위크』가 인터뷰한 청소년들 가운데 매사추세츠 주 웰즐리 대학 1학년 앨리스 쿤스(18) 양은 자신이 정기적으로 교회에 다니는 신자이며 성병에 대한 두려움도 있지만 이런 것들이 순결을 지키기로 한 결심의 이유는 아니라고 말했다. 쿤스 양은 "성행위가 가져올 수 있는 깊은 감정을 통제할 수 있을 만큼 내가 성숙하지 않았기 때문에 많은 친구들과 달리 이를 자제하고 있다"고 설명했다. 콜로라도 주 롱몬트의 고교생 크리스 니콜레티(16) 군은 두 달째 데이트를 해오고 있지만 밤 10시 30분까지는 어김없이 귀가한다. 니콜레티 군은 역시 순결을 지키기로 결심한 여자친구와 키스 또는 가벼운 포옹 이상의 애무 행위를 자제한다는 원칙도 지키고 있다. 니콜레티 군의 아버지는 축구 유니폼을 입었을 때 옷이 닿는 부분은 만지지 않는다는 지침까지 마련했다. 그의 어머니는 "5년 전 여자친구 이야기가 나왔을 때 아이에게 돌려서 말하지 않고 고등학교를 졸업할 때까지 절대 성관계를 갖는 것은 안 된다고 얘기했다"고 밝혔다. 뉴저지 주 패터슨의 고교생 라토야 히긴스(18) 양은 주변의 친구들 가운데 세 명이나 고교 시절에 미혼모가 됐고 올해 들어서만 동네에서 열 명 이상이 살해되는 등 바람직하지 못한 환경에서 자라면서도 10대 시절을 활기차게 보내기 위해서는 자제가 필수적이라는 사실을 깨닫게 됐다. 5년 전 교회에서 수강한 '자유로운 10대'라는 교육 프로그램이 이런 믿음을 강화한 계기가 됐다. 히긴스 양은 21세 남성과 데이트하다 그가 성관계를 원한다는 사실을 알고 두말없이 헤어졌다고 밝혔다. 캐나다의 대학생 루시언 슐티(18) 군은 어쩌다 성관계를 갖게 됐지만 이에 환멸을 느끼고 앞으로는 순결한 생활을 하겠다고 다짐한 경우. 슐티 군은 "영화에서는 섹스가 언제나 로맨틱하게 묘사되지만 실제의 성관계는 육체적으로는 쾌감을 줬을지 몰라도 감정적으로는 정말 어색했다"면서 "앞으로는 이런 실수를 되풀이하지 않기 위해 지금 사귀는 여자친구와는 키스 이상의 행위를 하지 않기로 했다"고 말했다. 한편 『뉴스위크』는 별도의 기사에서 10대의 성에 관해 일부는 "하지 말라"는 단순한 주장을 옹호하는 반면 다른 일부는 콘돔의 사용법 등 모든 측면을 알려줘야 한다고 주장하고 있으나 연구자들은 10대의 성이 위험한 일이라는 데는 대부분 공감하고 있다고 지적했다. 연구 결과에 따르면 청소년, 특히 10대 소녀들은 어른보다 성병에 훨씬 취약하고 콘돔을 제대로 사용할 줄 모르는 것이 명백하기 때문이다. 더욱이 급속도로 확산하는 신종 성병 가운데 일부는 자궁경부암 등을 유발하며 다른 성병은 치유되지 않는 경우도 있다. 또 피임약이나 콘돔을 사용하더라도 성병을 완전히 막을 수는 없으며 일반의 인식과는 달리 구강성교 등 다른 형태의 성행위도 성병으로부터 안전을 보장하는 것은 아니라고 전문가들은 지적했다. 『뉴스위크』는 부모가 청소년들이 성행위를 시작하는 것을 늦추는 데 큰 영향을 미치는 것으로 밝혀졌다는 조사 결과를 지적하면서 성에 관해 자녀와 대화하는 것이 꼭 필요하다고 강조했다.

10. 진공청소기 목성

 김남일 선수는 2002 월드컵의 덕을 가장 많이 본 사람으로 꼽힌다. 월드컵 전에는 거의 무명이었지만 이제는 그 인기가 우리 선수들 가운데 으뜸을 다툰다. 그런데 그의 인기에는 독특한 점이 있다. 통상 관심의 초점이 되는 화려한 공격이나 매끈한 외모와는 조금 거리가 있기 때문이다. 그의 기본 임무는 악착같은 수비로 미드필드 부근에서 상대의 공격을 쓸어내는 것이다. 그런 수비를 너무 잘 해냈다. 지단, 피구, 토티 같은 세계적 스타들도 그 앞에서는 힘 한번 제대로 쓰지 못했다. 히딩크 감독이 지어줬다는 '진공청소기'란 별명은 그야말로 "딱 맞혔네"이다.
 1929년에 발생한 대공황의 원인으로 제시된 것들은 수백 가지에 이른다. 그 가운데에는 그 시기에 태양 흑점의 수가 증가했기 때문이라는 사뭇 과학적인(?) 분석도 있다. 그런데 공룡의 멸종 원인에 대한 논란은 그 정도에 있어서 대공황에 대한 논란을 넘어선다. 수많은 논문이 갖가지 원인을 지적해왔다. 불과 70여 년 전에 일어난 대공황에 대한 분석은 대략 일단락된 상태다. 그러나 그보다 거의 100만 배 이전, 곧 지금으로부터 6500만 년 전에 일어난 공룡 멸종의 원인에 대한 분석은 아직도 현재진행형이다.

지금껏 제시된 원인들 가운데 거대 운석의 충돌이 가장 유력하다. 그런 충돌에 따른 결과가 얼마나 극적인지는 영화 〈딥 임팩트Deep Impact〉가 실감나게 전해준다. 운석 충돌에 따른 직접적인 파괴, 화재, 해일이 잘 묘사되어 있다. 그러나 가장 치명적인 효과는 그 뒤에 이어지는 '먼지 겨울'과 '자외선 봄'이다. 충돌로 발생한 엄청난 양의 먼지는 대기층 전체를 몇 년 동안 뒤덮는다. 그 때문에 햇볕이 차단되어 지표면은 싸늘하게 식어간다. 마침내 먼지가 걷히면 이번에는 자외선 봄이 닥친다. 충돌시 발생한 오존층 파괴 물질 때문에 거대한 오존 구멍이 생기고 그곳을 통하여 태양의 치명적인 자외선이 무방비 상태로 쏟아진다. 그리하여 그나마 먼지 겨울을 겨우 버텨낸 생존자들마저 무자비하게 살상된다.

〈딥 임팩트〉에서는 극적 효과만을 부각시킨 나머지 정작 중요한 이 효과들에 대해서는 아무런 암시도 하지 않았다. 그러나 언뜻 조용하게만 보이는 후속 효과로서의 먼지 겨울과 자외선 봄이 지닌 영향력은 참으로 크다. 그렇게 만들어진 몇 년 남짓한 '겨울'과 '봄'은 1억 6천만 년 동안이나 번성해온 공룡을 휩쓸어버리기에 충분했다. 말하자면 이른바 '침묵의 킬러'인 셈이다. 그리하여 지구를 끝없이 지배할 것으로 보였던 무적의 왕자는 일순간에 무너지고 말았다.

다행인 것은 이런 정도의 엄청난 충돌은 매우 드물게 일어난다는 점이다. 이처럼 확률이 낮은 데에는 목성의 역할이 결정적이다. 목성은 태양계의 가장 큰 행성이다. 질량은 지구의 318배로서 다른 모든 행성을 합한 것보다 더 크다. 이 큰 질량에서 나오는 중력은 주위를 배회하는 운석들을 쓸어담는다. 그래서 목성을 '태양계의 진공청소기'라고 부른다. 1995년 1월에 관측된 슈메이커-레비 혜성과 목성의 충돌 장면은 이런 역할을 생생하게 보여주었다. 더욱 다행인 것은 지구의 궤도가 목성보다 안쪽이란 사실이다. 이를테면 목성은 지구의 등뒤에서 우리의 안전을 책임지는 든든한 방패인 셈이다. 만일 목성이 없었다면 너무 빈번한 운석 충돌 때문에 지구에도 생명체가 없었을 것이라고 한다.

우리는 생명 현상의 발현에서 대개 태양, 물, 대기 등의 적극적인 조성 요소에 우선 주목한다. 그러나 목성과 같은 소극적인 안전 요소도 그에 못지 않게 중요하다. 축구에서 수비수도 평소에는 크게 주목받지 못한다. 하지만 이번 월드컵에서 꽃핀 김 선수의 플레이로 그런 역할의 중요성이 정당한 평가를 받게 되었다. 궂은 일을 마다하지 않는 진공청소기, 묵묵하지만 믿음직한 그들의 활약에 거듭 찬사를 보낸다.

거품으로 끝나지 않기를

2002년 월드컵의 전과 후를 비교할 때 가장 눈에 띄게 빛을 본 선수는 김남일이다. 그의 악착같은 플레이, 당당한 태도, 솔직담백한 언행, 진공청소기라는 절묘한 별명 등이 어울려 거센 폭풍을 몰아쳤다. 당시 신문에는 그가 흘리는 말 한마디 한마디가 모두 주목의 대상이었으며, 지금 되돌아봐도 신선한 느낌이 들 정도이다. 여기서 그 가운데 몇 가지만 인용해보자.

질문 월드컵 개막을 앞두고 무엇을 준비하고 있나요?
답 지능적인 파울 연마에 많은 신경을 쓰고 있어요(김남일은 '반칙왕'이라고 불릴 정도로 월드컵 멤버 가운데 교묘한 반칙의 일인자로 꼽힌다. 그러나 그라운드 밖의 언행은 이처럼 솔직하다).
질문 월드컵 직전에 프랑스와 가진 평가전에서 김남일 선수의 반칙으로 톱스타 지단의 출전이 어렵게 되었다는 말이 있는데……?
답 아, 그러면 그 수당 내 연봉에서 제하라고 하세요.
질문 축구선수가 아니면 무슨 일을 하고 있을까?
답 조폭(조직폭력배)이요.
질문 포상금으로 2억 9천만원을 받았을 때 느낌은?
답 그런 큰 금액의 수표를 처음 받아봐서 처음에는 29만원인 줄 알았습니다.

[그림 26] 그라운드의 진공청소기 김남일 선수 (사진—굿데이 신문)

    그런데 그는 너무 갑작스럽게 높아진 인기가 부담이 되었는지, 월드컵이 끝난 뒤에는 "빨리 거품이 걷히고 내 본래의 일상으로 돌아왔으면 한다. 대중의 인기를 먹고살기는 하지만 연예인이 아니라 축구선수일 뿐이다"라고 말했다. 그의 이런 자세를 두고도 많은 사람들이 칭찬을 한다. 이처럼 본연의 모습을 잃지 않으려는 자세가 더욱 매력적이기 때문이다.

그러나 어찌 보면 장래 더욱 크게 성장을 하기 위해서는 오히려 지금 이 정도는 시작에 불과하다는 생각을 갖는 것도 나쁠 것은 없으리라고 여겨진다. 불세출의 축구 스타로서 역대 최고 1, 2위를 다투는 펠레와 마라도나를 보자. 그들은 이보다 훨씬 더 큰 인기도 부담으로 여기지 않았다. 그리하여 현역 시절은 물론 물러난 뒤 지금까지도 높은 인기를 유지하고 있다. 김남일 선수도 앞으로 해외 진출의 기회를 잡을 것이라고 한다. 그러면 더욱 큰 선수가 될 가능성은 한층 더 높아질 것이다. 따라서 비록 겉으로야 겸허한 태도를 보였지만 안으로는 큰 야심을 품어야 한다. 다시 말해서 외유내강(外柔內剛)의 자세로 나아갔으면 한다. 그리하여 거품으로 끝나지 않을 높은 인기 속에서 정말 멋있는 선수 생활을 이끌어가기 바란다.

죽어서도 살아 있는 공룡

지구상에 현재 살고 있는 생물의 종은 100만에 이른다고 한다. 그런데 공룡은 멸종동물이므로 그 가운데 끼지도 못한다. 그럼에도 불구하고 공룡은 지금까지 다른 어떤 생물보다 더 우리 인간의 관심을 끌어왔다. 6500만 년 전에 멸종되었다고 하지만, 이런 점에서 보자면 아직도 살아 있다고 볼 수 있을 지경이다. 마치 『삼국지』에 나오는 사공명주생중달(死孔明走生仲達, 죽은 공명이 살아 있는 중달을 격퇴하다)의 대목을 연상케 한다. 실제로 현대의 발달된 유전공학을 이용하여 복원

해보려는 노력을 시도해본 경우도 많다. 물론 아직 현실화되지는 않았지만 〈쥐라기 공원 Jurassic Park〉 같은 영화 속에서 디지털 기술의 도움을 받아 가상현실로서는 복구되었다고 할 수 있다. 그리고 그 덕택에 현재 살아 있는 다른 어떤 동물들보다 더욱 친밀하게 느껴지기도 한다. 이런 영화들의 영향 탓인지 우리 인간의 조상은 한때 공룡과 투쟁하며 살아오다가 마침내 그 경쟁에서 승리하여 번성하게 된 것으로 착각하는 사람도 많다. 그러나 인간의 역사는 아무리 길게 잡더라도 350만 년 정도까지 거슬러 올라가는 것이 고작이므로 6500만 년 전에 멸종한 공룡과 단 한시라도 같이 살아본 적이 없다.

공룡이 이처럼 우리의 관심을 끄는 이유는 무엇보다도 그 거대한 몸집을 바탕으로 역사상 가장 강한 육상 동물로서 군림했다는 점에서 찾을 수 있다. 그래서 특별한 계기가 없는 한 지구에 대한 공룡의 지배는 끝없이 이어질 것으로 보였다. 지구상에 공룡이 최초로 출현한 때가 약 2억 3천만 년 전이라고 한다. 따라서 멸종할 때까지 거의 1억 6500만 년 정도의 세월을 지배해왔으므로 그 태평성대는 의심의 여지가 없이 영원토록 계속될 것으로 보였다. 그러나 불가사의하게도 그 무적의 왕자가 오랜 지배의 어느 한순간에 너무나도 맥없이 멸망하고 말았다. 그리하여 공룡의 역사는 마치 한 편의 소설과도 같은 생애로 승화되었으며, 이에 따라 그에 대한 관심은 날이 갈수록 더욱 솟구치게 되었다.

어쨌든 그 멸종 원인은 무엇일까? 무엇보다 그 과정이 장기간에 걸쳐서 서서히 일어난 것이 아니라 아주 단기간에 또 한꺼번에 일어났다는 점에 주목해야 한다. 이 때문에 그 멸망은 '자연사'가 아니라 '사고사'

일 것으로 보는 것이 거의 정설처럼 굳어져 있다. 그리하여 초점은 이제 그 사고의 원인을 찾는 데에 집중되어 있다. 어떤 자료에 따르면 공룡의 멸종 원인으로 제시된 가설의 종류가 60여 가지에 이른다고 한다. 그러나 또 어떤 자료는 "연구자마다 각각 하나씩의 가설이 있다고 봐도 좋다"고 말한다. 그리고 전문가뿐 아니라 일반인도 가끔씩 그 뉴스를 접할 수 있을 정도로 지금도 심심찮게 새로운 가설들이 나타나고 있다.

공룡의 멸종 원인

수많은 가설 가운데 과학적으로 신빙성이 있다고 여겨지는 것으로는 운석충돌설, 화산폭발설, 우주선설, 유행성 암설, 바이러스 감염설, 기후변화설(빙하기 도래설), 먹이사슬 파괴설, 그리고 화산폭발설과 운석충돌설을 결합한 융합설 등이 있다. 그러나 뭐니뭐니 해도 현재 가장 유력하게 여겨지는 것은 바로 운석충돌설이다. 따라서 아래에서는 이에 대하여 좀더 자세히 알아보기로 한다. 다만 그전에 다른 설들을 간단히 요약해서 살펴보자.

화산폭발설 지금으로부터 약 6600만 년 전, 그러니까 공룡의 멸종보다 약 100만 년 전에 인도의 데칸 고원 지역에 거대한 화산활동이 펼쳐졌다. 그 결과로서 엄청난 양의 화산 가스가 분출하여 지구의 환경을 전반적으로 산성화시켰으며, 이로 인하여 공룡이 멸종하게 되었다는 설이다. 한편 화산재 속에는 유독 원소인 셀렌(Se)이 들어 있으며, 이로 인하여 공룡의 알들이 부화되지도 못하고 스러지는 피해를 입음으로써 더욱 가속적으로 멸종했을 것이라고 주장한다.

우주선(cosmic ray)설 우주의 저 멀리서 가끔씩 일어나는 초신성 (supernova)의 폭발에서는 극히 고에너지의 방사선인 우주선(宇宙線) 이 대량으로 방출된다. 지구의 역사상 여러 번 일어난 것으로 보이는 대멸종 사건은 바로 이러한 초신성의 폭발 때문이라고 한다.

유행성 암설 우주선설은 초신성의 폭발 빈도가 지구 역사상 일어난 여러 차례의 대 멸종 사건만큼 자주 일어나지 않았다는 점에 주목한다. 그리하여 우주선보다 에너지는 낮지만 생물체의 핵심적 유전물질인 DNA를 파괴할 수 있는 별의 폭발에서 그 원인을 찾는다. 이런 폭발에서 방출되는 중성미자(nutrino) 때문에 유전자 변이가 일어나고, 이로 인하여 암이 발생한다. 그런데 번식 과정에서 이 변이가 널리 퍼져 결국 전체적인 멸종에 이르렀다고 한다.

바이러스 감염설 우주의 어디에선가 날아온 운석에 당시 지구상의 생물체가 방어할 수 없는 바이러스가 함유되어 있었으며 그로 인하여 멸종되었다는 설이다.

기후변화설(빙하기 도래설) 공룡의 멸종 시기인 백악기 말에 아주 심각한 빙하기가 도래하여 멸종이라는 사태에 이르렀다는 설이다. 특히 공룡은 파충류로서 변온동물인 까닭에 이와 같은 빙하기에 더욱 취약했을 것이라고 한다.

먹이사슬 파괴설 이 가설은 독립적인 것이라기보다 다른 설들로부터

〔그림 27〕 백악기 말, 즉 지금으로부터 약 6500만 년 전에 지름 10km의 운석이 시속 10만km의 속도로 멕시코의 유카탄 반도 북부를 강타했다.

유래된 부수적인 설이라고 할 수 있다. 빙하기의 도래 또는 유독 원소인 셀렌의 섭취로 인하여 먼저 초식 공룡이 멸종되었으며, 이에 따라 이들을 먹이로 하는 육식 공룡도 사라져갔다는 설이다.

융합설 근래 들어 화산폭발에 이어 운석충돌이 일어났다고 설명하는 융합설이 유력한 입장을 넓혀가고 있다. 그러나 이 설은 결론적으로 운석충돌설의 입장만 더 강화시킨 것에 불과하다고 볼 수 있다. 화산폭발만으로는 불충분하고 운석충돌이 결정타를 날렸다고 하는 것은 화산폭발이 없었더라도 운석충돌로 인하여 결국 멸종되고 말았을 것이라는 얘기와 다를 바가 없기 때문이다.

이상의 내용을 종합해볼 때 현재로서 가장 유력한 설은 운석충돌설이다. 아래에서는 운석충돌로 인한 과정을 그림과 함께 단계별로 살펴본다.

한 알의 밀이 땅에 떨어져 죽으면…

이상 살펴본 공룡의 시나리오는 참으로 극적이다. 지구상에서 살다 간 생명으로서 이보다 더 극적인 것이 없으란 법은 없다. 하지만 인간에게 알려진 것으로서 우리 인간의 감성에 이보다 더 강하게 호소하는 것은 없었다고 말할 수 있다. 그런데 우리 인간의 삶이 바로 공룡의 죽음에서 비롯되었다는 사실을 안다면 어떨까? 만일 공룡의 시대가 끝없이 지속되었다면 육체적으로 그보다 미약한 포유류는 영원히 주도권을 잡을 수 없었을 것이다. 그러나 우주의 조화였는지 아니면 신의 의지였는지, 믿어지지 않을 공룡의 멸종은 그토록 극적으로 이뤄졌다. 그리하여 당시로서는 전체 생태계에서 미미한 약자에 불과했던 포유류가 생존의 토대를 넓힐 가능성을 조금씩 확보해가기 시작했다.

그때 처음 출현한 포유류는 오늘날의 생물에 비유하자면 쥐와 비슷했다. 그전의 거대한 파충류에 비하면 얼마나 초라한 존재였던가? 그러나 이 '어둠의 자식들'은 기나긴 인고의 세월을 거치고 난 후 마침내 획기적인 진화의 기회를 맞게 되었다. 그러나 그 기회도 그저 공짜로

[그림 28] 충돌 직후. 오늘날 대기에 포함된 이산화탄소(CO_2)와 이산화황(SO_2)의 3배에 해당하는 양이 증발하고 먼지(dust)와 검댕(soot) 등이 지구 상공을 뒤덮는다. 충돌의 영향으로 거대한 산불이 발생하여 이 과정을 더욱 악화시킨다.

[그림 29] 충돌 후 몇 년. 이산화황, 검댕, 먼지 등이 성층권을 떠돌면서 햇빛을 차단한다. 식물은 충분한 광합성을 하지 못하며, 기온이 급격히 떨어져서 이른바 '먼지 겨울' 이 닥친다.

[그림 30] 충돌 후 몇 년에서 약 10년까지. 먼지 겨울로 인하여 지표면의 생태계가 거의 괴멸 상태에 이른다.

[그림 31] '먼지 겨울' 이 끝난 뒤에는 '자외선 봄' 이 찾아든다. 이때 기온은 다시 올라가서 생물의 생존에 도움을 주지만, 그와 반대로 대기층 및 성층권에 형성된 거대한 오존 구멍으로 인하여 먼지 겨울을 버텨낸 마지막 공룡들마저 말살시키고 만다.

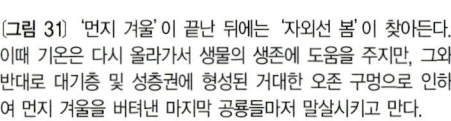

주어진 것은 결코 아니었다. 그 동안에 '직립보행' '손의 해방' '숲에서 들판으로의 탈출' 등의 믿어지지 않는 과정이 이어져야 했으며, 최종적으로 '두뇌의 발달'이라는 결정적인 요소가 뒷받침되어야 했다. 이렇게 지극히 '우연적인 필연' 이랄까 아니면 '필연적인 우연' 이랄까 하는 과정이 몇천만 년의 세월 동안에 엮어졌으며, 마침내 350만 년 전 오스트랄로피테쿠스(Australopithecus)의 탄생으로 이어졌다. 이처럼 공룡의 멸종 때문에 인류가 번성하게 되었다는 점은 '불로불사, 그 허망한 꿈'에서 예로 들었던 제자백가의 얘기를 되새기게 한다. 그리고 요한복음 12장 24절에 나오는 "한 알의 밀이 땅에 떨어져 죽지 아니하면 한 알 그대로 있고 죽으면 많은 열매를 맺느니라"라는 얘기와도 상통한다.

그 후손들이 이른바 '만물의 영장'으로 발전되어 나타난 모습이 바로 오늘날의 우리들이다. 그러나 이것도 하나의 역사적 교훈이라면 우리는 우리 다음에 이어질 더욱 높은 형태의 생명체에 대한 잠정적인 모습에 불과하다는 생각도 전혀 터무니없는 것이라고 할 수는 없다. 공룡이 (본의든 아니었든) 자신의 모든 것을 다 희생하여 우리 인류를 예비했다면, 우리는 또 우리 다음에 이어질 어떤 좀더 참된 생명의 길을 예비하는 존재일 것이라는 뜻이다. 공룡은 자신들의 희생이 어떤 의미를 지니는지 몰랐던 데 비하여 우리는 우리의 운명을 자각할 수 있다. 이런 점에서 볼 때 우리의 미래가 비극으로 끝나든 해피엔딩으로 끝나든 상관없이 우리는 최소한 공룡들보다는 훨씬 더 의미 있는 삶을 영위하고 있다고 하겠다.

11. 이해와 암기 사이에 느낌을

　미국의 물리학자 리처드 파인만은 사고의 독창성이 매우 뛰어났다. 천재적인 물리학자들 중에서도 단연 으뜸이다. 한번은 그가 멕시코 과학 교육의 문제점을 점검하는 일을 맡았다. 그는 학생들의 학습 태도에 큰 충격을 받았다. 빛의 성질에 대한 이해는 제쳐두고 "햇빛은 무편광, 수면에서 반사된 빛은 편광"이라는 사실을 무작정 암기하는 것이었다. 더 놀라운 일은 그 배경이었다. 시험이 바로 그런 식으로 답하도록 출제되기 때문이었다. 이해를 한 학생이나 암기만 한 학생이나 정답을 쓰는 데에는 아무런 차이가 없었다.
　암기식, 주입식 교육의 폐해는 우리도 누구 못지 않게 절감해왔다. 그래서 요즘에는 이해의 중요성을 무척 강조한다. 이해는 그자체로 끝나지 않는다. 이해가 명확해야 암기도 쉽게 이루어지고 오래 지속된다. 또한 오늘날 특히 각광받는 '창의력'은 올바른 이해가 없는 한 기대하기 어렵다. 따라서 이는 앞으로도 계속 추구해야 할 방향이다. 그런데 요즘 들어 이런 노력은 어딘지 모르게 편법적인 경향으로 흐르고 있다.

애초에 사람들이 단순 암기에 매달렸던 것은 물론 열심히 공부하려는 생각 때문이었다. 그러나 자세히 보면 '이해를 건너뛴 편한 공부'를 하려는 생각이 스며 있다는 점 또한 분명하다. 우리의 교과 과정은 7차례나 개편되었다. 우여곡절이야 어떻든, 대세는 이제 '이해가 어우러진 공부'를 하는 쪽으로 정립되었다. 좋든 싫든 다시는 예전의 그릇된 교육으로 돌아갈 수 없다. 그러나 "궁하면 통한다"는 속담은 역시 진리일까? '단순 암기' 대신 '단순 이해'라는 새로운 편법들이 싹을 내밀고 있다. 서점을 둘러보면 그런 냄새를 풍기는 책들이 넘쳐난다. 정신에 대한 음식이란 점만 다를 뿐, 본질에서는 육신에 대한 인스턴트 식품과 다를 게 없다.

단순 암기도 곤란하지만 단순 이해도 마찬가지다. '단순'의 차원을 넘는 '마음에 닿는 이해'가 필요하다. 요컨대 '이해와 암기 사이'에 '느낌'을 넣어야 한다. 위 파인만의 예를 보자. 수면에서 빛이 반사하는 것은 흔히 즐겨 하는 '제비 뜨기'를 상상하면 좋다. 납작한 돌을 수평으로 뉘어서 던지면 무거운 돌도 여러 번 튀면서 나아간다. 그러나 세워서 던지면 그냥 물 속으로 꽂힌다. 햇빛은 자연광으로, 온갖 종류의 돌들이 섞여 있다. 그것들이 수면에 부딪히면 수면과 거의 평행인 것들만 반사된다. 그래서 수면의 반사광은 편광이다. '빛의 반사'를 수식으로만 이해하는 것은 부족하다. '느끼는 이해'를 곁들여야 한다.

다른 예로서 운동에너지를 보자. 그 식이 $\frac{mv^2}{2}$ 이란 사실은 대부분의 사람들이 기억하고 있다. 여기서 '속도의 제곱'이란 점이 중요하다. 야구의 강속구는 시속 140km 이상이다. 한편 권총 탄환의 속도는 대략 그 10배 정도다. 무게로 따지면 별것 아닌 작은 총알의 위험성은 이 빠른 속도 때문이다. 과속 운전의 문제점도 '느끼는 이해'로 훨씬 실감나게 기억된다. 속도를 2배로 하면 에너지는 4배가 들고 충돌시의 파괴력도 4배가 된다.

맥도널드, 피자헛 등의 패스트푸드 업체들이 미국인의 비만에 책임이 있다고 해서 집단 소송을 당하리라고 한다. 단순 이해는 가볍고 빠르고 산뜻한 '지식의 패스트푸드'다. 그러나 이것이 우리의 드높은 교육열과 맞물리면 원치 않은 결과에 이를 수 있다. 이해와 암기 사이에 차분한 음미의 과정이 필요하다. 눈에 보이지 않는 정신 건강도 육체 건강에 못지 않게 중요하기 때문이다.

예측 불능의 천재 리처드 파인만

리처드 파인만에 대해서는 '즐거움이라는 함수'에서 잠시 소개한 바 있다. 그는 어렸을 때부터 똑같은 사물이나 현상을 다른 사람들과 늘 다른 각도에서, 그리고 아주 독특한 관점에서 보았다고 한다. 물론 그렇게 하여 얻은 견해가 언제나 옳았다고 볼 수는 없다. 어쩌면 기존의 틀을 벗어났기 때문에 잘못되었을 때가 오히려 더 많았을 것으로 여겨진다. 그러나 그런 훈련을 통하여 그는 점차 사물의 핵심을 빠르고 정확하게 파악할 수 있게 되었으며, 그렇게 얻은 독창적인 아이디어를 토대로 물리학의 여러 분야에서 많은 업적을 남겼다. 20세기 초에 태어나 현대의 위대한 물리학자들을 두루 겪어본 독일 출신의 미국 물리학자 한스 베테(Hans Bethe, 1906~)는 파인만의 독창성에 대하여 다음과 같이 얘기했다. "그는 천재였습니다. 물리학자들 중에는 천재들이 많이 있지만 대개의 경우 그들이 무엇을 어떻게 했는지 알아낼 수 있습니다. 그러나 파인만은 다릅니다. 도대체 그가 어떻게 아이디어를 얻어내는지 모르겠습니다. 파인만은 내가 평생 본 물리학자들 중에서 가장 독창적인 사람이며, 나는 그 독창성을 수없이 목격했습니다. 참으로 그는 마술사와 같았습니다. 그리고 그런 마술사는 오직 파인만뿐입니다."

파인만은 양자전기역학을 연구하면서 어떤 한 사건이 시공간의 한 점에서 다른 점으로 이동할 때 지나갈 수 있는 모든 길을 남김없이 검토한다는 획기적인 아이디어를 창안했다. 여기서 '갈 수 있는 모든 길'을 일반적으로 '경로(path)'라고 부르며, 그는 각각의 경로에 대한 확률을 곱하여 그 결과를 모두 더하는 방법을 채택했다. 그리하여 이 방법은 '경로적분(經路積分, path integral)'이라고 불리게 되었다. 그런데 이 적분을 이용하려 하자 큰 문제점에 부딪혔다. 그것은 더해지는 항들 가운데 무한대의 값을 가지는 항이 나타난다는 사실이었다. 그러나 확률이 무한대가 된다는 것은 있을 수 없는 일이므로 이 모순점을 해결하기 위하여 많은 사람들이 노력하게 되었다. 마침내 파인만과 슈윙거(Julian Seymour Schwinger, 1918~1994) 및 도모나가 신이치로(朝永振一郎, 1906~1979) 세 사람이 각각 이를 해결했으며, 1965년에는 이 업적으로 노벨 물리학상을 공동 수상했다. 한편 파인만은 이 문제에 접근하면서 그 모든 경로들을 그림으로 나타내어 직관적으로 쉽게 파악할 수 있도록 하는 방법도 창안했다. 이후 이런 그림은 '파인만 다이어그램(Feynman diagram)'으로 불리게 되었고, 해당 분야에서 필수적으로 그리고 매우 폭넓게 사용되고 있다.

이밖에도 파인만은 양자컴퓨터(quantum computer)의 가능성을 처음 제창한 사람으로 널리 알려졌으며(그러나 찰스 베넷(Charles H. Bennett, 1943~), 폴 베니오프(Paul A. Benioff), 데이비드 도이치(David Deutsch)도 각각 독립적으로 이 아이디어를 제안했다고 인정받고 있다), 21세기의 핵심 기술의 하나가 될 것으로 보이는 '나노기술'의 도래를 처음 예상한 것으로도 유명하다. 1986년에는 우주왕복선 챌린저 호의 폭발 참사를 조사하기 위한 정부위원회의 한 사람으로 참가하여 그 결정적인 원인을 밝혀냄으로써 대중의 이목을 크게 집중시

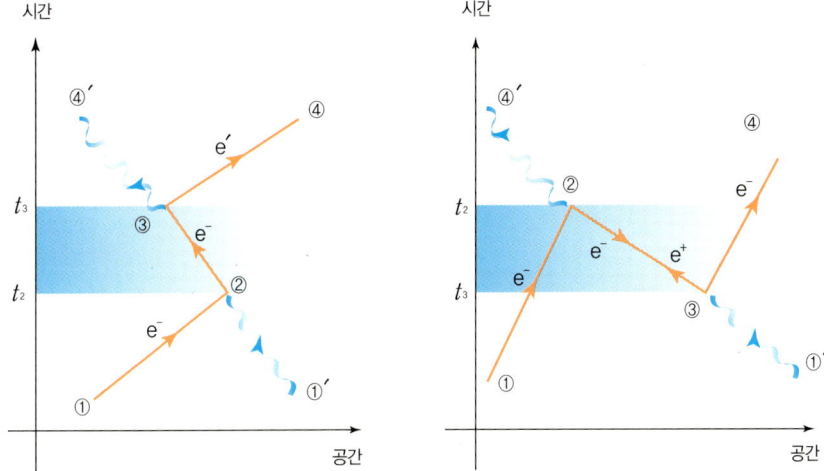

〔그림 32〕 전자가 광자(빛)를 흡수하고 방출하는 과정을 파인만 다이어그램으로 나타낸 모습. 이 다이어그램에서 전자(electron, e⁻)의 경로는 직선, 광자의 경로는 물결선으로 나타낸다. 또한 공간은 좌우로 펼쳐지게, 시간은 아래쪽에서 위쪽으로 진행하도록 그린다.

(a) 광자(①′)가 전자(①)와 따로 진행되다가 ②에서 전자에 흡수된다. 그러다 ③에 이르러 광자가 다시 방출되며 이후 광자(④′)와 전자(④)로 나뉘어서 진행된다.

(b) 이 그림의 전체적인 구조는 (a)와 비슷하다. 그러나 흥미롭게도 이 과정은 2가지로 해석할 수 있다.

첫번째는 (a)와 똑같은 과정을 거친다고 보는 것이다. 즉 전자가 ①→②→③→④로 진행하는데, 도중의 ②에서는 광자를 방출하고 ③에서는 흡수한다. 그런데 이 경우 ②→③으로 가는 전자는 '시간을 거슬러 가는 전자'가 된다는 점에 유의하기 바란다. 이 때문에 (a)와 (b)에서 t_2와 t_3의 순서가 서로 뒤바뀌어 나타난다.

두번째 해석은 다음과 같다. 먼저 광자가 ①′에서 ③으로 가서 사라지면서 두 개의 입자를 내놓는다. 이처럼 한 개의 광자로부터 두 개의 입자가 만들어지는 현상을 '쌍 생성(pair creation)'이라고 부르며, 이때 '전자(electron, e⁻)'와 '양전자(positron, e⁺)'가 1개씩 만들어진다. 양전자는 전하만 +일 뿐 나머지 성질은 전자와 똑같다. 이렇게 나온 두 입자 가운데 양전자가 ③→②로 가고 전자는 ③→④로 간다. ③→②로 간 양전자는 ①→②로 가는 전자와 ②에서 만나 함께 소멸하면서 ②→④′로 가는 광자를 만들어낸다. 이처럼 전자와 양전자가 만나 함께 소멸하면서 1개의 광자를 만들어내는 현상을 '쌍 소멸(pair annihilation)'이라고 부른다.

이처럼 똑같은 현상인데도 첫번째 해석에 따르면 '②→③의 과정'은 '시간을 거슬러 가는 전자'가 되고 두번째 해석에 따르면 '③→②의 과정'은 '정상적인 시간 경과를 따르는 양전자'가 된다. 이런 점에서 볼 때 이른바 '시간의 흐름'이란 것도 인간적인 경험을 떠나서 볼 때는 얼마든지 자유롭게 구현될 수 있는 관념임을 잘 이해할 수 있다.

키기도 했다. 또한 그가 저술한 『파인만 물리학 강의The Feynman Lectures on Physics』는 뛰어난 독창성 때문에 역사상 가장 훌륭한 물리학 교재의 하나로 인정받고 있다. 앞의 그림에 파인만 다이어그램의 간단한 예를 수록했다.

수면의 반사광은 편광

빛은 전기장과 자기장의 두 부분으로 이루어져 있다. 그런데 반사 현상에서 자기장의 역할은 무시할 수 있다. 따라서 이하에서는 전기장

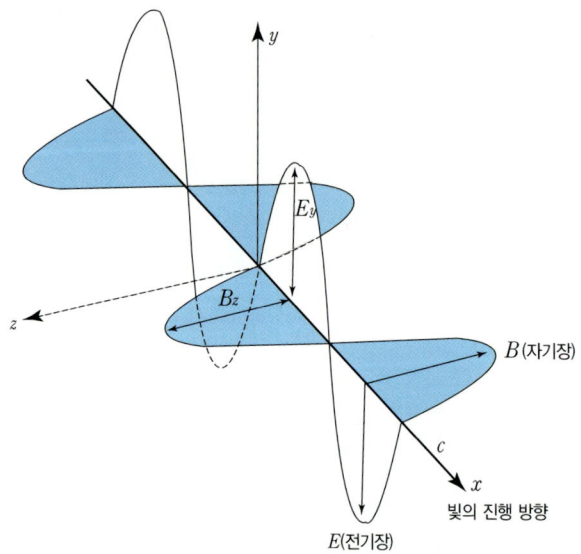

〔그림 33〕 빛의 진행 방향과 전기장 및 자기장 방향과의 관계

의 역할만 고려하기로 한다.

태양은 스스로 빛을 내는 별이다. 그 안에는 빛을 내는 입자들이 제멋대로 움직이고 있으므로 거기서 나오는 빛에는 온갖 방향의 전기장이 뒤섞여 있다. 이런 빛을 '자연광(自然光, natural light)'이라고 부른다. 그런데 자연계의 물질 중에는 그 배치 방향에 따라 일정한 방향의 전기장을 가진 빛만 통과시키는 것이 있다. 이런 물질로 만든 렌즈 모양의 도구를 '편광판(偏光板, polarizer)'이라고 하며, 자연광을 이것에 통과시키면 이른바 '편광(偏光, polarized light)'이 된다.

이처럼 편광은 자연광을 편광판에 통과시킴으로써 만들어지기도 하지만, '반사'에 의하여 만들어지기도 한다. 이에 대해서도 위의 편

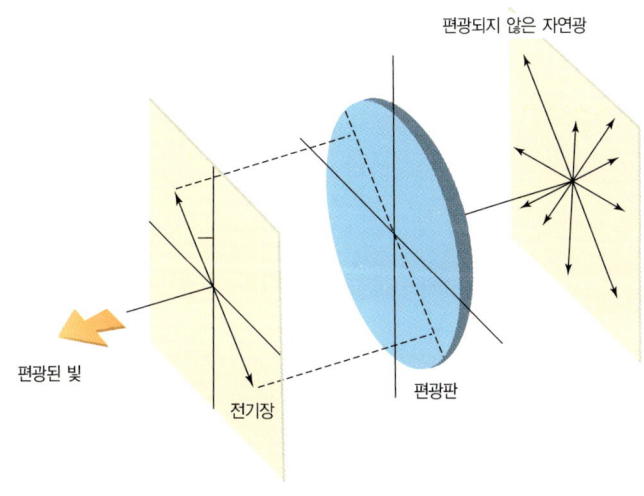

[그림 34] 자연광이 편광판을 통과하여 편광으로 되는 모습

광 그림을 보면 직관적으로 쉽게 이해할 수 있다. 이 그림을 앞에 두고 머릿속으로 잠시 생각해보면 편광면이 수면과 일치하거나 거의 비슷하면 반사가 잘 되지만 반대로 수직일 경우에는 그대로 물 속에 잠겨 들게 되리라는 점이 시각적으로 곧 떠오른다. 따라서 이 광경은 납작한 돌을 이용한 '제비 뜨기'에 직접 비유될 수 있다. 한편 수면뿐 아니라 유리, 기타 평평한 면들에서 반사된 빛도 대체로 편광성을 띤다.

탱크 한 대와 맞먹는 스포츠카 두 대

운동에너지의 식이 $\frac{mv^2}{2}$ 이므로 차의 에너지의 소모량은 속도의 제곱에 비례해서 늘어난다. 이에 관한 한 예를 보자면 근래 스웨덴에서 수입된 최고급 스포츠카와 우리나라의 일반적인 승용차와의 비교를 들 수 있다. 이 스포츠카는 엔진의 최대 출력이 655마력이고 최고 속도는 390km/h에 이른다고 한다. 이처럼 경주용 자동차와 맞먹을 정도의 성능을 가지면서 일반 도로를 주행할 수 있도록 만들어진 차량을 일명 '슈퍼카(supercar)'라고 부르기도 한다. 이런 성능을 발휘하기 위하여 차체는 주로 탄소 섬유와 알루미늄으로 제작되었으며, 그에 따라 차량의 전체 무게는 일반 승용차와 비슷한 1175kg에 지나지 않는다. 한편 이와 비교할 만한 국내의 중형 승용차 가운데 한 모델은 최대 출력 108마력에 최고 속도는 182km/h, 그리고 차량의 총중량은 1167kg이다.

만일 이 두 차가 각각 최고 속도로 달린다고 하면 그 속도의 비는 $\frac{390}{182}$ 으로서 약 2.14이다. 그리고 이 비율을 제곱하면 4.59가 된다. 이제 이 값을 승용차의 최대 출력 108마력에 곱하면 약 496마력이 나온다. 그런데 이 슈퍼카의 최대 출력은 655마력이라고 하므로 적어도 엔진 출력의 면에서는 충분한 여유가 있다고 하겠다. 그러나 이 결과를 바꿔서 생각해보면 속도가 빨라질수록 이론상의 비율보다 더 많은 에너지가 소모된다는 뜻으로 해석할 수 있고, 실제로는 이것이 더 타당한 결론이라고 여겨진다. 다시 말해서 과속을 할 때의 연료 소비율은 우리가 보통 예상하는 것보다 훨씬 더 높다는 뜻이다.

한편 우리나라의 국군이 보유하고 있는 주력 전차는 'K1 전차'이다. 중량은 48.3톤이고 엔진의 최대 출력은 1200마력이며 최고 속도는 65km/h이다. 이 자료를 위 슈퍼카와 비교해보면 무게로는 40분의 1에도 못 미치는 차 2대에서 탱크보다 더 큰 힘이 나온다는 뜻이니, 속도감을 즐기기 위한 대가가 참으로 크다고 하지 않을 수 없다.

계란으로도 바위가 깨진다

현대를 가리켜 '대량소비 사회'라고 부르기도 한다. 근대 이전에는 생산과 소비의 규모가 모두 작아서 생산자와 소비자 사이에 분쟁이 일어나더라도 대개 평등한 관계에서 해결할 수 있었다. 그러나 현대에 들어 기업의 규모가 거대해지면서 상대적으로 소비자의 지위는 현저

하게 약화되었다. 그리하여 거대 기업이 만든 제품을 사용하다가 소비자가 피해를 입더라도 제대로 보상받지 못하는 경우가 많아졌다. 거대 기업은 자금, 정보, 영향력이 막강하며 이를 무기로 훨씬 유리한 입장에서 사태를 이끌어갈 수 있기 때문이다.

그러나 근래 이런 상황은 크게 개선되었다. 미국이나 독일에서는 집단소송제도나 단체소송제도를 만들어서 개인으로는 힘이 약한 소비자들이 그 힘을 한데 모아 대기업의 능력에 효율적으로 대처할 수 있도록 했다. 뿐만 아니라 시민 의식이 높아짐에 따라 개인적으로도 직접 투쟁에 나서서 거대 기업들이 무릎을 꿇게 하는 경우도 많아졌다. 예전에는 "계란으로 바위 치기"라고 무시했지만, 요즘에는 실제로 계란 때문에 바위가 깨지고 있는 셈이다.

최근 베티 벌락(Betty Bullock)이라는 64세의 미국 여성이 세계 최대의 담배 제조회사인 필립 모리스(Philip Morris)와의 소송에서 이겨 무려 280억 달러라는 천문학적인 배상금 지급 판결을 얻어냈다. 이 규모는 개인 흡연자가 받아낸 것으로는 지금껏 최고 금액이다. 물론 담배 회사가 항소할 뜻을 밝혔다고 하므로 아직 완전히 마무리된 것은 아니다. 그러나 만일 최종 판결도 이렇게 난다면 아마도 그 회사는 존폐 문제를 걱정할 정도의 치명타를 입을 것으로 예상된다.

이번에 패스트푸드 업체를 대상으로 제기된 소송도 이와 같은 맥락이다. 다만 흡연과 폐암과의 인과관계는 충분히 입증 가능하다고 인정되고 있으나, '패스트푸드 → 비만 → 심장마비 → 기타 질환'으로 이어지는 인과관계는 입증하기가 쉽지 않다는 점에서 더 불리하다고 한다. 물론 이러한 인과관계의 입증에는 자연과학적인 분석과 판단이 중요하게 작용한다. 그 결과가 어찌 될지 예측하기는 어려우나, 최소한 이 인과관계가 명확하게 밝혀져서 앞으로 우리의 식생활에 좋은 지침으로 활용될 수 있었으면 한다.

12. 국어가 수학에 앞선다

　우리나라 학생들이 고등학교까지 다니면서 배우는 학과목은 대략 20가지이다. 그런데 그중 가장 중요하다고 보는 과목은 수학인 것 같다. 요즘 들어 영어 열풍이 거세기는 하다. 그러나 수학의 벽을 넘기에는 역부족이다. 학생들뿐 아니라 부모님들도 그렇게 생각한다. 그래서 수학에 물심 양면으로 많은 투자를 한다. 이에 대하여 "수학을 잘하려면 먼저 국어를 잘해야 한다"는 얘기를 한다면 어떻게 받아들일까? 뜻밖으로 여길지 모르지만 곰곰이 숙고해 볼 만한 구석이 있다.

　수학의 기본 개념인 등식을 보자. 등식은 등호(=)로 연결된 식을 말한다(흔히 방정식이라고 부르는 것이 곧 등식이다). 그런데 등호의 역할을 잘 살펴보면 일상 언어에서 쓰는 주격조사인 '-은' '-는' '-이' '-가'에 해당한다. 다시 말해서 좌변은 주어, 우변은 술어에 대응한다. 따라서 등식은 전체적으로 하나의 문장이다. 중1 수학에서 배우는 일차함수의 형태는 "$y=ax+b$"이다. 이것을 말로 풀이하면 "y는 x의 a배에 b를 더한 것이다"가 된다. 여기서 보듯이 '식'과 '말'은 본질적으로 동등하다. 둘 모두 사람의 생각을 표현하는 수단이란 점에서 그렇다. 이상의 내용을 "수학은 언어다"라는 간명한 표현으로 새겨두면 좋다.

  우리는 흔히 "수학을 잘한다"고 하면 "수식을 잘 다룬다"라고 생각한다. 그러나 위 내용에 비추어볼 때 수학의 핵심은 '표현'이다. 따라서 수학을 잘하려면 먼저 표현 능력을 키워야 한다. 그렇게 표현된 '말'을 '식'으로 '번역'하는 것도 넓은 의미로 볼 때 표현 능력에 속한다. 결국 "수학을 잘한다"는 것은 "'생각 → 말 → 식'으로의 변환을 잘한다"는 것이다. 국어가 수학에 앞서는 것이다.

  이렇게 식이 꾸며지면 그것을 푸는 것은 단순 작업에 불과한 경우가 많다. 특히 근래 들어 웬만하면 컴퓨터에 맡긴다. 가까운 예로 요즘 수많은 가게가 물건값을 자동계산대에서 처리하는 것을 들 수 있다. 매일의 일기예보를 슈퍼컴퓨터에 의존하는 것도 마찬가지다. 데이터의 양과 처리 과정이 방대하다는 점만 다르다. 다시 말해서 수식의 풀이는 '기계적 과정'이다. 따라서 수식을 잘 다룬다고 해서 수학을 잘한다고 말할 수는 없다(그렇다고 수식 다루기를 아주 무시하는 것은 아니다. 일상생활에 불편이 없을 정도로 숙달하는 것은 누구나 갖춰야 할 기본 소양이다). 그러나 '생각 → 말 → 식'으로의 표현 과정은 (적어도 아직까지는) 컴퓨터에 맡길 수 없다. 즉 수학의 핵심 부분은 '인간적 과정'이다. 이런 의미에서 우리의 상식과 달리 수학은 지극히 인간적인 학문이다.

이처럼 일상 언어와 수학은 밀접하게 연관되어 있다. 그런데 아주 오래 전부터 국문학을 비롯한 여러 언어학은 인문과학, 수학은 자연과학으로 분류해왔다. 그리고 이런 분류가 은연중에 우리의 머릿속에 언어학과 수학은 서로 다른 것이라는 고정관념을 심어 놓았다. 그러나 하나의 정교한 수식을 만드는 것은 한 줄의 아름다운 시구를 얻기 위하여 심혈을 기울이는 노력과 다를 바가 없다. 나아가 지난 수학사를 돌이켜보면 그보다 더 소설적인 이야기도 드물다고 할 정도다. 수학은 말하자면 미망迷妄의 너울에 가린 아름다움이다. 그 너울은 우리를 기다리는 수학이 아니라, 수학으로 다가서는 우리가 걷어야 한다. 문학을 대하는 마음으로 수학을 대하면 수학도 한결 반가이 맞을 것이다.

본시동근생(本是同根生)

우리나라에서는 초등학교부터 고등학교까지 "공부를 잘한다"고 하면 으레 "수학을 잘한다"는 것으로 통하는 경향이 있다. 나아가 "수학을 잘한다"고 하면 "머리가 좋다"는 뜻으로도 통한다. 그래서 "수학'은' 잘한다"라고 조사 하나만 바꿔서 말하면 "지금 전체적인 공부는 좀 떨어지지만 적어도 수학은 잘하는 것을 보니 언젠가 철이 들어서 정신을 차려 공부하면 충분히 가능성이 있다"는 뜻을 암시하는 것으로 받아들인다.

반면에 국어는 어떨까? 사람들은 은연중에 "국어도 뭐 진지하게 공부할 필요가 있나?"라는 생각을 한다. 그리하여 맞춤법을 좀 익히고, 여러 문학작품을 읽고, 작가의 인적 사항을 알아두고, 줄거리, 주제, 소재, 시대 배경 등 작품에 관련되는 수많은 암기 사항들을 외우고, 생소한 지문이 나올 경우를 대비하여 다양한 글을 읽고 그 내용을 파악해내는 능력을 키우는 것 등에 초점을 맞춰서 공부한다.

위와 같은 경향은 적어도 수십 년 이상의 교육 경험에서 형성되어 나온 것이다. 따라서 분명 나름대로 일리는 있다. 그러나 그 기본적 관점에는 커다란 잘못이 자리잡고 있다. 그 커다란 잘못이란 바로 국어와 수학의 뿌리가 본래 같은 것이라는 사실을 제대로 인식하지 못하고 있다는 것이다.

현재 지구상에는 약 3천 종의 언어가 있다고 한다. 그리고 그 가운데 문자까지 함께 갖춘 것은 약 10분의 1 정도라고 한다. 우리말도 훈민정음이 나오기 전에는 '말뿐인 언어'였다. 그런데 그 다양한 언어와 문자에도 불구하고 다행히 숫자 표기만은 전세계적으로 공통이다. 나아가 수식을 쓰는 방식도 마찬가지다. 그리하여 어떤 사람은 이를 가리켜 "인류 역사상 가장 위대한 공유의 경험"이라고 말했다. 어쨌거나 여기서의 초점은 숫자와 수식도 언어와 문자의 한 부분으로 간주된다는 점이다.

이러한 언어와 문자로 우리는 무엇을 하는가? 무엇보다도 그 가장 큰 기능은 우리의 생각을 표현하는 것이다. 숫자와 수식도 언어의 일종인 이상 인간의 생각을 표현하는 데에 쓴다는 점에서 보통의 문자와 다를 바가 없다. 따라서 우리는 이제 기본으로 다시 돌아갈 필요가 있다. 너무 멀리 떨어지기 전에 국어와 수학이라는 두 학문의 뿌리가 같음을 확인하고 그것을 토대로 우리의 공부와 교육을 다시금 바로잡아가야 한다.

여기의 소제목으로 내세운 '본시동근생'은 유명한 『삼국지』의 영웅 조조(曹操)가 남긴 아들들 사이의 다툼에서 유래된 구절이다. 조조는 장남인 비(丕)보다 문재(文才)가 뛰어난 셋째 식(植)을 더 사랑했다. 그래서 왕위도 셋째에게 넘겨주려 했으나 완전히 마무리짓지 못하고 죽었다. 비는 아버지를 이어 왕위에 올랐으나 식을 따르는 무리들이 많아서 늘 불안하게 여겼다. 마침내 비는 어느 날 연회석상에서 트집을 잡아 식에게 자신이 일곱 걸음을 걷는 동안 형제를 비유하되 형제란 말이 들어가지 않는 시 한 수를 짓도록 했고, 짓지 못할 경우 여덟 걸음째에는 죽음을 면치 못하리라는 엄명을 내렸다. 식은 당황했으나 그 짧은 순간에도 천부적인 능력을 유감없이 발휘하여 다음의 시를 지었다(일곱 걸음 안에 지었다고 해서 흔히 '칠보시七步詩'라고 일컫는다).

煮豆燃豆萁 (자두연두기, 콩깍지를 태워 콩을 삶으니)
豆在釜中泣 (두재부중읍, 가마솥의 콩이 눈물을 쏟네)
本是同根生 (본시동근생, 본디 한 뿌리에서 나왔거늘)
相煎何太急 (상전하태급, 왜 이다지 모질게 삶아대는고?)

이 시를 들은 비는 눈물을 흘렸다고 전해진다. 그렇다고 하여 식에 대한 경계심을 완전히 늦추지는 않았겠지만 적어도 본래 같은 뿌리에서 나온 존재임은 새삼 재확인했을 것으로 여겨진다. 국어와 수학이 이들처럼 사이가 나쁘다는 뜻은 아니다. 다만 은연중에 너무 멀리 떨어진 분야로 생각하고 있는바, 이 시를 통하여 간접적으로나마 두 학문 사이의 잊혀진 뿌리에 대한 인식을 새롭게 가다듬기로 하자.

말로 하는 수학 공부의 중요성

수학이 그 본질에서 일반 언어와 다를 바가 없다고 보는 관점은 단순한 미사여구(美辭麗句) 또는 추상적인 뜬구름 잡기가 아니다. 이제 이 관점을 쉽게 풀이하자면 "말로 하는 수학 공부의 중요성을 깨닫자"라는 문장으로 요약할 수 있다. 그리고 이 관점으로부터 우리는 여러 가지 소중한 귀결을 얻을 수 있다. 여기서 모든 것을 깊이 다룰 수는 없으므로 아래의 세 가지만 간단히 살펴보기로 하자.

첫째, 수학도 국어와 마찬가지로 편한 마음으로 다가설 수 있으며 (가능성), 나아가 그래야 한다(당위성). 많은 사람들이 소설이나 수필 등은 편안한 마음으로 읽지만, 논술이나 좀 딱딱한 글은 '부담스런 마음'으로 읽는다. 그러다가 수학으로 들어서면 그때는 거의 신경을 곤두세울 정도로 긴장한다. 그러나 이것들은 모두 '인간의 마음과 생각의 표현'이다. 차분하고도 편한 마음으로 들어서지 못할 이유가 없다. 또 그래야 한다. 놀랍게도 이처럼 편한 마음으로 접근하고 공부할 때 그 효율이 가장 높으며 그 이해 또한 가장 깊게 이뤄지기 때문이다. 한 예로 '덧셈'과 '시그마(Σ)'와 '적분'을 생각해보자. 덧셈은 초등학교 때 배우고 다른 두 가지는 고등학교 때 배운다. 그런데 이 세 가지의 본질적 의미는 덧셈으로, 모두 똑같다. 초등학교 때 덧셈을 그토록 쉽게 배웠다는 점을 고려한다면, 다른 두 가지라고 해서 특별히 어렵게 여길 이유가 없다. 괜히 뭔가 부담스러워하는 선입관이 앞을 가려서 어렵게 여겨질 뿐이다.

둘째, 수식을 공부할 때, 국어에서 단어의 의미를 살피듯 그 '의미'를 중심으로 해야 한다는 점을 들 수 있다. 어떤 식이 나오면 그냥 식으로 대하지 말고 그 구체적인 의미를 요모조모로 다양하고도 깊이 있게 음미해야 한다. 위에 든 예를 다시 살펴보자. 시그마나 적분이나 모두 덧셈인데, 시그마는 $a_1+a_2+a_3+\cdots\cdots$처럼 '단속변수(斷續變數)'에 대해서 더함에 비하여, 적분은 $a \sim b$까지의 모든 값에 대해서, 즉

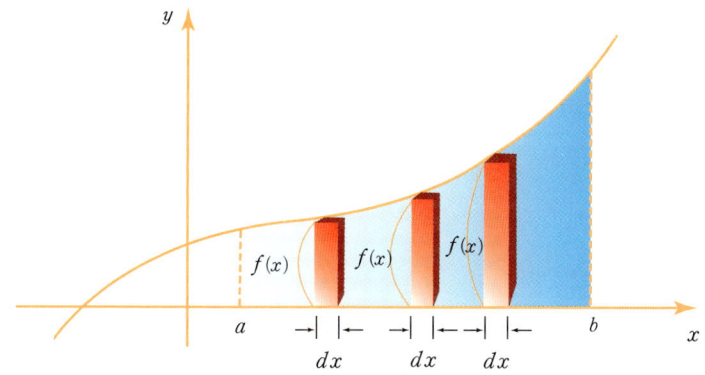

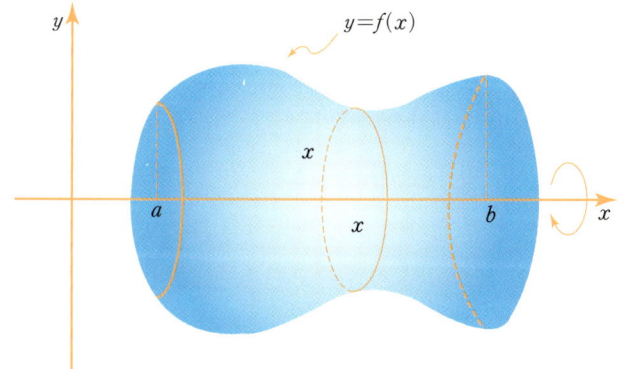

[**그림 35**] 적분의 의미. 적분의 기본적인 형태는 $\int_b^a f(x)dx$이다. 이것을 말로 풀이하면 "$f(x)$와 dx를 곱한 후, 그 값을 a에서 b까지 모두 더하라"는 것이다. 이 언어적 표현에서 보듯이 적분의 본질은 '덧셈'이다. 그리고 위 그림에서 보듯이 '$f(x)$와 dx의 곱'은 '작은 직사각형의 넓이'이다. 이 넓이를 a에서 b까지 모두 더하면 그 결과는 $f(x)$의 그래프와 x축이 이루는 도형의 넓이가 된다. 위에서 두번째 그림처럼 3차원 공간에서 생각한다면 적분은 '부피'의 의미를 가진다.

'연속변수(連續變數)'에 대해서 더한다는 차이가 있다. 그리하여 이를 통해 변수의 연속과 단속에 대한 이해를 얻을 수 있다(이 개념은 나중에 얘기할 '디지털과 아날로그'의 내용에도 관련된다). 또한 적분에는 피적분함수가 그리는 도형의 넓이 또는 부피에 해당한다는 의미도 있다. 이처럼 하나의 수학적 개념이 여러 가지 의미를 담고 있는 경우가 매우 많다. 나아가 이 점은 수학뿐 아니라 다른 모든 곳에서도 마찬가지이다. 그리고 그 의미를 제대로 깨달으려면 '언어적인 표현'으로 바꿔서 이해해야 한다.

셋째, "표현력을 키워라"는 점을 빠뜨릴 수 없다. 국어 공부의 4대 요소는 '듣기·읽기·말하기·쓰기'인데, 이것들은 다시 '듣기·읽기'와 '말하기·쓰기'를 같이 엮어서 두 측면으로 나눠볼 수 있다. 그러면 전자는 이해(또는 input)에 해당하고 후자는 표현(또는 output)에 해당한다. 그리고 이 두 측면 중에서 '표현', 그것도 '정확한 표현'이 최종 목표이다. 수학에서 문제에 대한 답을 쓰는 것도 바로 표현이며, 그 정확성에 따라 성적이 결정된다. 한편 수학의 문제에 대하여 답을 쓰는 것은 국어에서 어떤 주제에 대하여 논술을 쓰는 것과 같다. 그런데 누구나 잘 알듯이 논술에서 가장 중요한 것은 표현의 정확성과 논리 전개의 타당성이다. 그리고 이 점들은 바로 수학의 문제에 대하여 답을 쓰는 상황과 정확히 대응한다.

언어와 수학을 결합한 수리철학과 컴퓨터

20세기 초 수학 분야에서 가장 많은 발전을 이룬 분야는 수리철학 (mathematical philosophy)이다. 여기에는 힐베르트(David Hilbert, 1862~1943), 러셀(Bertrand Russell, 1872~1970), 비트겐슈타인 (Ludwig Wittgenstein, 1889~1951), 괴델(Kurt Gödel, 1906~1878) 등의 저명한 철학자이자 수학자인 인물들이 관련된다. 이들은 아리스토텔레스 이래 추상적으로만 여겨져오던 논리학을 획기적인 수준으로 끌어올려 굳건한 수학적 기반 위에 올려놓았다.

그러나 이 과정은 논리학에 대한 축복임과 동시에 일반적인 철학에 대해서는 큰 위협이었다. 이 시기에 논리학뿐 아니라 자연과학의 전반적인 분야가 고도로 수학화 및 전문화되었다. 결과적으로 일반적인 철학의 활동은 크게 위축될 수밖에 없었다. 과학에 대한 전반적인 통찰은커녕 어느 한 분야의 이해도 여의치 않을 정도가 되고 말았기 때문이다. 비트겐슈타인은 이에 대하여 "이제 철학에 남겨진 유일한 일은 언어의 분석뿐이다"라고 말했다. 그리고 영국의 물리학자 호킹 (Stephen Hawking, 1942~)은 이 말에 대하여 다시 "아리스토텔레스로부터 칸트에 이르기까지의 위대한 철학적 전통에 비춰볼 때 이 얼마나 초라한 몰락이란 말인가?"라고 덧붙였다. 물론 이 두 학자의 말에는 우리의 주제와 직접 관련이 없는 내용도 담겨져 있기는 하다. 하지만 기본적으로 현대에 들어 수학과 언어학 사이에 아주 중요한 결합이 형성되었다는 점은 명확히 지적하고 있다.

이렇게 결합된 언어학과 수학은 순수수학의 영역에만 머물지 않았다. 이후의 수학에는 종래의 '숫자를 다루는 연산' 외에 '논리를 다루는 연산'도 추가되었다. 그리고 이 분야가 더욱 발전하여 이 두 가지의 연산을 모두 기계적인 장치로 다루는 방법을 연구하게 되었다. 그러던 중 진공관의 발달에 힘입어 1945년에는 마침내 최초의 전자식 컴퓨터인 에니악이 출현하기에 이르렀다. 이후 트랜지스터가 개발되고, 이를 더욱 개선한 고밀도의 집적회로(IC, integrated circuit)가 만들어짐으로써 오늘날의 컴퓨터 문명을 꽃피우게 되었다. 실제로 컴퓨터에 관하여 배우면 누구나 알게 되듯이, 컴퓨터는 다양한 '컴퓨터 언어'로 작성된 명령에 따라서 움직인다. 그 명령은 아주 정확하게 표현 및 구성되어야 하며, 그렇지 않을 경우 이른바 '버그(bug)'가 되어 엉뚱한 결과가 나오게 된다.

최근의 뉴스에 따르면 미국의 IBM은 1997년 당시 체스 세계챔피언이었던 개리 카스파로프(Garry Kasparov, 1963~)와 대결하여 승리를 거두었던 자기 회사의 딥 블루(Deep Blue)라는 슈퍼컴퓨터를 토대로 장차 상황에 따라 스스로 판단하고 관리하는 컴퓨터를 만들 예정이라고 한다. 사실 이런 연구는 이미 오래 전부터 인공지능(AI, Artificial Intelligence)이라는 이름으로 알려져 있었으며, 그에 대하여 많은 노력이 경주되어왔다. 그리하여 2002년의 체스 세계챔피언인 러시아의 크람니크(Vladimir Kramnik, 1975~)와 독일제 컴퓨터 딥 프리츠(Deep Fritz)의 대결은 더욱 흥미를 끌었다. 왜냐하면 딥 프리츠의 기계적 성능은 슈퍼컴퓨터인 딥 블루보다 훨씬 떨어지지만 거기에 탑재된 프로그램의 인공지능 수준은 더욱 높은 것이었기 때문이다. 이렇게 관심을 모은 이번 대결은 2승 4무 2패를 기록함으로써 무승부로 끝났다. 그리하여 인공지능의 수준이 5년 전보다 비약적으로 발전했음을 실감케 했다. 이처럼 처음에 수리 및 논리 연산을 하는 기계로서 출발한 컴퓨터가 차츰 인간의 고유 영역으로 여겨졌던 분야에 접근하고 있다. 그 궁극의 결과가 인간적인 사고를 하는 컴퓨터로 발전할지는 아직 아무도 모른다. 하지만 어쨌거나 그 인간적인 사고 또한 언어를 통하여 이루어지고 문자로 기록 및 전달된다. 결국 언어와 수학은 그 출발은 물론 궁극적인 미래에 이르기까지 영원히 함께 할 것이다.

13. 비빔밥도 벡터, 사람도 벡터

2002 월드컵을 계기로 우리 문화가 더욱 널리 알려졌다. 그 가운데 우리의 음식 문화도 상당한 몫을 차지한다. 보신탕은 예전부터 논란의 대상이었다. 하지만 이번 논쟁을 거치면서 세계인의 평가는 긍정적인 쪽으로 많이 기울어진 듯하다. 그 밖의 다른 우리 음식에 대해서는 거의 찬사 일색이었다. 김치, 불고기처럼 예로부터 널리 알려진 것은 물론, 푸짐한 한식, 상추쌈, 김밥, 비빔밥 등 잘 알려지지 않았던 것들도 많은 호평을 받았다.

그중 비빔밥은 이미 몇 차례의 주목을 받았다. 1997년 대통령 선거가 한창 무르익을 무렵, 마이클 잭슨이 전주를 방문했다. 거기서 '전주 비빔밥'을 맛본 그는 서울의 호텔에 머물 때도 여러 차례 특별 주문을 했다. '마이클 잭슨 비빔밥'은 이를 계기로 탄생했다. 1998년에는 국제기내식협회에서 최우수 기내식으로 뽑혀 성가를 높였다. 최근에는 아예 패스트푸드 형태로 개발되어 일본과 미국에 진출했다. 그리고 월드컵이 끝난 지금, 때마침 다시 일어난 채식주의의 열기에 힘입어 더욱 인기가 치솟고 있다.

나는 이처럼 비빔밥이 뜻밖의 주목을 받게 되어 내심 반가웠다. 내가 벡터의 개념을 얘기할 때 드는 '단골 메뉴' 중 하나이기 때문이다. 벡터는 각각의 성분으로 분해된다. 〈북북서로 진로를 돌려라〉라는 영화 제목을 보자. 비행기가 북북서로 향하려면 북쪽 성분을 주로 하고 서쪽 성분을 조금 가미하면 된다. 이처럼 벡터를 만드는 데에는 '성분'과 '양'이 핵심이다. 비빔밥에 비유하면 '벡터의 성분과 양'은 '비빔밥의 재료와 양'에 해당한다. 고추장은 비빔밥에서 약방의 감초다. 그러나 '마이클 잭슨 비빔밥'에는 조금만 들어간다. 이렇게 각각의 성분을 적절히 조절함으로써 여러 가지 비빔밥을 만들 수 있다.

사람도 마찬가지다. 눈·코·귀·팔·다리……가 사람의 구성요소다. 바꿔 말하면 사람이라는 벡터의 성분들이다. 그런데 눈은 둘, 코는 하나, ……와 같이, 각 성분의 양이 제대로 갖춰져야 정상적인 사람이 된다. 비빔밥의 경우 넓은 다양성은 장점일 수도 있다. 하지만 사람의 경우 최소한의 기본 요건은 엄격히 지켜져야 한다고 하겠다.

지금껏 비행기의 진로, 비빔밥, 사람이라는 세 가지 예를 들었다. 하지만 이로부터 세상 만물은 사실상 모두 벡터로 볼 수 있다는 점을 곧 알게 된다. 수학적 개념이라서 딱딱하고 추상적이고 심지어 공허하게 보이기까지 했던 벡터가 이처럼 폭넓고 현실적이라는 것이 자못 신기하다. 그러나 그 실질성은 이런 식의 단순 비유에 그치지 않는다. 실제로 현대 물리학의 정수인 양자역학에서는 모든 물질을 '상태벡터'라는 수학적 도구로 나타낸다. 나아가 스티븐 호킹을 비롯한 여러 물리학자는 우주 전체를 하나의 상태벡터로 표현하는 이론을 발표하기도 했다.

 우리의 전통 음식은 뛰어난 맛에도 불구하고 '손맛'에 크게 좌우되는 독특한 성질이 있다. 그리하여 쉽사리 표준화되지 못했다. 이 허점 때문에 얼마 전에는 김치의 국제적 표준화를 자칫 일본에 빼앗길 뻔했다. 다행히 김치의 정의와 표준화에 대한 주도권을 되찾아 종주국의 체면을 지켰다. 앞으로 다른 고유 음식도 세계화에 성공하려면 그 '성분과 양'에 대한 표준화를 체계적으로 수립해야 한다. 그래야 우리의 '음식 벡터'의 화살표는 세계 곳곳으로 훨씬 힘차게 뻗어나갈 것이다.

벡터를 보는 두 가지 관점

벡터의 기본적인 의미에 대해서는 "'속도위반'이 맞으려면?"에서 이미 한번 살펴봤다. 다시 간단히 요약하자면, 자연과학에 나오는 물리량은 기본적으로 스칼라(scalar)와 벡터(vector)로 나누며, 스칼라는 '크기만 가진 물리량', 벡터는 '크기와 방향을 가진 물리량'이다. 일상적인 물체로서 '크기와 방향'을 함께 나타내는 가장 좋은 것에는 '화살'이 있다. 이에 따라 수학에서도 벡터는 보통 $\vec{A}$와 같이 해당 문자 위에 화살표를 덧붙여서 표기한다.

한편 똑같은 벡터인데도 '성분과 양(또는 크기)'으로 이해하는 방법이 있다. 예를 들어 ㉮ '북서' 방향을 가리키는 나침반과 ㉯ '북북서 방향'을 가리키는 나침반을 비교해보자. 다음 그림에서 보듯이 ㉮의 경우에는 '북쪽 성분'의 크기와 '서쪽 성분'의 크기가 같다. 그러나 ㉯의 경우 '북쪽 성분'의 크기가 '서쪽 성분'의 크기보다 더 크다.

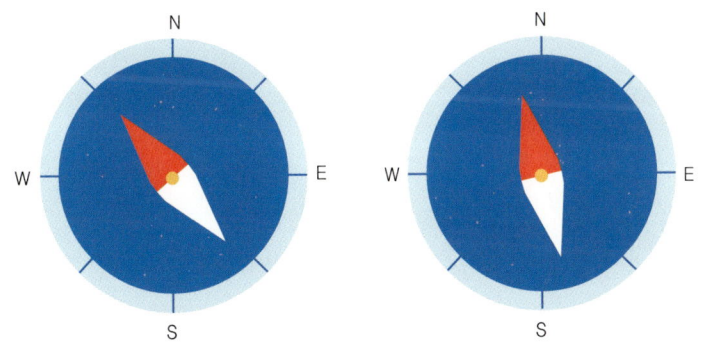

〔그림 36〕 '북서' 방향을 가리키는 나침반과 '북북서 방향'을 가리키는 나침반

또다른 예로서 '술'을 생각해보자. 술에는 다른 여러 성분도 많지만 가장 중요한 것은 물과 알코올의 두 가지이다(화학적으로 정확히 말하면 여기서 '알코올'은 '에틸알코올'을 가리킨다. 하지만 편의상 그냥 알코올로 부르기로 한다). 그리고 '약한 술'은 알코올의 함량이 적은 것, 반대로 '독한 술'은 알코올의 함량이 많은 것을 뜻한다. 우리가 흔히 보는 술 가운데 맥주는 4%, 포도주는 12%, 소주는 25%, 위스키는 40% 정도의 알코올을 함유하고 있다(그 이상의 함량을 가진 것도 있기는 하지만 드물다). 이를 토대로 생각해보면 술도 다음 그림에서 보듯이 벡터의 일종으로 간주할 수 있다.

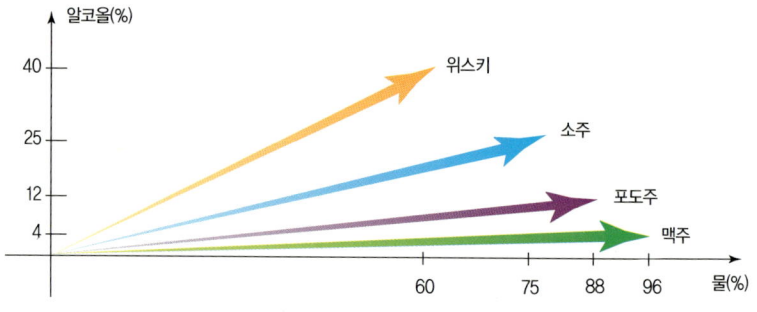

[그림 37] 몇 가지의 술을 벡터 방식으로 나타낸 그림

나침반의 경우 그 모양으로부터 이미 벡터의 성질을 가졌다는 사실을 쉽게 알 수 있다. 그러나 술은 일반적으로 벡터라는 생각이 거의 들지 않는다. 그러나 이와 같이 언뜻 벡터의 성격이 없는 것 같은 대상도

'성분과 양(또는 크기)'의 관점에서 보면 벡터로 해석할 수 있다. 그리고 이 점은 사실상 다른 모든 대상에 대해서도 확장해서 적용할 수 있다.

우주 만물은 벡터공간상의 벡터

위에서 예로 든 나침반과 술의 경우 성분의 가짓수가 모두 두 가지였다. 그러나 세상에는 성분의 가짓수가 셋 이상인 경우도 무수히 많다. 나아가 사실상 무한히 많은 경우도 있다. 우선 성분의 가짓수가 셋인 경우로는 비행기의 위치를 들 수 있다. 비행기가 날아가는 위치를 정확히 나타내려면 경도, 위도, 고도라는 세 가지의 좌표가 필요하다. 예를 들어 인천국제공항에서 중국으로 가는 비행기와 일본으로 가는 비행기는 [그림 38]과 같이 서로 다른 벡터로 나타낼 수 있다.

여기에서 보듯이 성분의 가짓수가 셋이 되면 그 대상을 나타내는 데에 3차원 공간이 필요하다는 점을 알 수 있다(앞서 나침반과 술을 나타내는 벡터는 평면, 즉 2차원 공간에 그려진다). 이처럼 성분의 수와 해당 공간의 차원수는 서로 같다. 따라서 4가지 이상의 성분을 가진 벡터는 그림으로 표현할 수 없고 오직 우리의 머릿속에서 추상적으로 상상할 수 있을 뿐이란 점도 쉽게 이해된다.

이러한 차원의 수가 어찌 되든지 벡터가 살고 있는 모든 공간을 통틀어 '벡터공간(vector space)'이라고 부른다. 예를 들어 사람의 경우

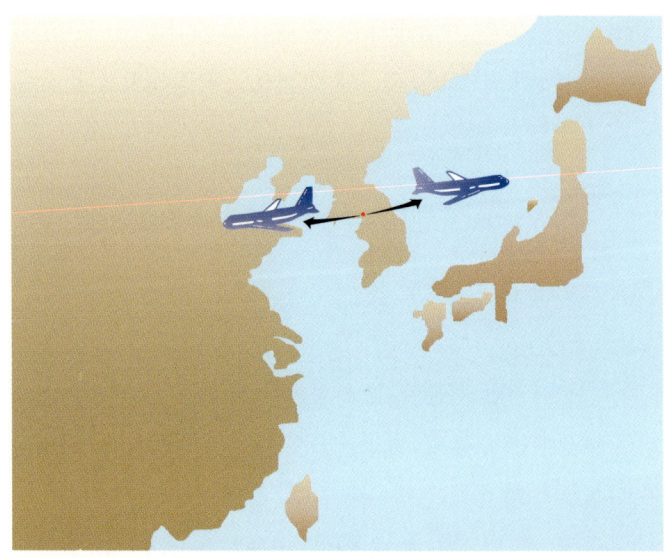

〔그림 38〕 인천국제공항에서 중국으로 가는 비행기와 일본으로 가는 비행기의 위치를 벡터로 나타낸 그림

"사람=1×머리+1×목+1×몸통+2×팔+2×다리+2×눈+1×코+10×손가락+수만×머리카락+……"으로 이루어져 있다. 여기서 머리, 목, 몸통, 팔 등이 사람을 이루는 성분이고 1, 2, 수만은 이 성분들의 양이다. 따라서 '사람이라는 벡터'는 차원의 수가 매우 높은 고차원의 벡터공간에서 살아가는 벡터라고 생각할 수 있다.

이런 아이디어를 확대하면 똑같은 방식을 우주 만물에 모두 적용할 수 있다. 수학에서는 '성분' 대신에 '기초벡터(basis vector)'라는 수학적 함수를 사용하여 여러모로 편리한 계산을 할 수 있도록 이론을 구성하기도 한다. 실제로 현대 물리학의 근본을 이루는 양자역학에서는 '상태벡터(state vector)'라는 수학적 도구로 우리가 관측 대상으로 삼는 모든 물질의 상태를 표시한다. 그리고 이를 가장 크게 확대하여 전 우주를 대상으로 하여 얻은 결과가 바로 '우주의 파동함수(wavefunction of universe)'이다(상태벡터와 파동함수는 거의 같은 뜻으로 혼용된다).

그런데 현대의 우주론이 아직 미완성이라는 점에서 예상할 수 있듯이 우주의 상태함수라는 개념도 아직은 가설의 수준에 머물고 있다. 하지만 양자역학의 이론상으로는 상태함수가 옳을 경우 그 안에는 그 함수가 나타내는 대상에 관하여 우리가 알고자 하는 모든 정보가 담겨 있다. 그리하여 우주의 시초와 현재 그리고 미래의 모든 수수께끼를 밝혀낼 수 있다. 따라서 얼마나 요원한 미래일지는 모르지만 그 궁극적인 완성 여부는 수많은 흥밋거리가 얽혀 있는 큰 관심사라고 하겠다.

우리 음식의 오묘함과 표준화

나는 요리에 대해서는 거의 아는 것이 없다. 따라서 자세한 것을 이야기하기는 어렵다. 그러나 이른바 '패스트푸드'라고 불리는 미국 음식들과 비교할 때 예전부터 큰 차이점으로 느껴왔던 것은 우리 음식의 경우 그와 같은 '표준화'를 이루기가 매우 힘들 것이라는 사실이었다.

예를 들어 햄버거를 보자. 거기에는 우선 들어가는 성분의 가짓수가 그다지 많지 않다. 빵, 고기, 양배추, 토마토, 케첩, 겨자 정도이다. 그리고 딸려 나오는 것으로는 프렌치프라이(french fries)와 음료수가 고작이다. 게다가 이런 성분들 자체도 각각 표준화되어 있다. 빵은 어디서 나온 어떤 빵, 고기는 어디에서 기른 소를 어떻게 가공한 것, 감자는 어떤 품종 등등 모든 원료들이 전체적으로 획일화되어 있어서 어느 가게에서나 똑같은 맛이 나오도록 정해져 있다.

그러나 우리 음식의 경우 김치 하나만 보더라도 너무나 다양하다. 종류도 다양할 뿐 아니라, 한 종류에서도 맛이 천차만별이다. 어찌 보면 "담그는 사람마다 맛이 다르다"라고 말할 수 있을 정도이다. 게다가 예로부터 어떤 획일화의 필요성도 거의 느끼지 못했다. 잘 담갔는지 못 담갔는지에 대한 품평(品評)은 했지만, 어떤 일정한 맛이 나도록 해야 한다는 점에 대해서는 아무도 깊이 생각해보지 않았다. 오히려 무한히 다양한 음식의 풍미를 더욱 즐겼다고 함이 옳을 것이다. 그래서 우리는 예로부터 "음식은 손맛"이라는 말을 당연하게 받아들였고, 그것을 구체적으로 계량화, 표준화한다는 것은 엄두도 내지 못할 일로 여겨왔다.

그러나 현대에 와서 우리 음식의 뛰어난 맛이 세계적으로 인정을 받게 됨에 따라 상황은 서서히 달라졌다. 외국에서 흥미를 갖고 배우고자 할 경우 도대체 어떻게 객관적인 설명을 해야 할지 곤란한 지경에 처하게 된 것이다. 나아가 우리 음식을 외국에 수출하려고 할 때 국제적인 승인규격을 갖출 것이 거의 필수적으로 요구된다는 데에 이르러서는 더욱 절박해진다. 그리하여 어렵기는 하지만 어떻게 해서든지 계량화와 표준화를 이뤄내야 할 처지에 봉착했다. 그렇게 하지 않고 머뭇거리기만 하다가는 오히려 다른 나라에서 우리 음식을 연구하고 표준화를 함으로써 세계적으로는 우리보다 앞서 나갈 가능성도 얼마든지 있다.

실제로 그런 일이 김치에서 일어났다. 일본이 우리의 김치 제조법을 야금야금 습득하더니 급기야 '기무치(kimuchi)'라는 명칭으로 국제규격을 획득하려는 시도를 했다. 게다가 김치의 가장 큰 특징이라고 할 수 있는 '발효'가 없더라도 김치로 인정받고자 했다. 뒤늦게나마 일본의 시도를 알아차린 우리 정부는 우리 고유의 이름과 정의를 내세워 노력한 끝에 결국 이를 저지하는 데에 성공했다. 그리하여 '김치(kimchi)'라는 명칭과 "김치는 주원료인 절임 배추에 여러 가지의 양념(고춧가루, 마늘, 생강, 파, 무 등)을 혼합하고 제품의 숙성도와 보존성을 확보하기 위한 젖산이 생성되도록 저온에서 발효시킨 제품"이라는 정의가 국제식품규격위원회에 의하여 채택됨으로써 세계적으로 공인받게 되었다.

이것이 좋은 경험이 되었던 덕분일까, 그 뒤로는 다른 고유 음식에 대해서도 적극적으로 대처하고 있다. 그리하여 김밥, 비빔밥, 인삼제품, 간장, 된장, 고추장 등으로 표준화를 확대하고 있으며, 김치에서도 고추의 2대 특성인 '매운 맛'과 '빨간색'을 각각 3단계로 등급화함으로써 더욱 앞서 나가게 되었다[이 등급화는 양식에서 고기의 구운 정도를 로(raw), 미디엄(medium), 웰던(well-done)의 3단계로 구분하는 것에 비유할 수 있다]. 그런데 위에서 살펴봤듯이 벡터를 '성분과 양(또는 크기)'으로 이해하는 방식에 따르면 음식의 표준화라는 것은 바로 각각의 음식 벡터를 제대로 정립하는 작업에 해당한다. 앞으로도 이런 노력이 잘 진행되어 우리 음식의 미묘함이 훌륭한 음식 벡터로 거듭나기를 바란다. 그리하여 그 화살표들이 세계를 향하여 널리 그리고 힘차게 뻗어나가기를 기대한다.

14. 세상에서 가장 무서운 것

　예전의 초등학교 교과서에 이런 얘기가 있었다. 동네 놀이터에 몇 명의 어린아이들이 모여든다. 누군가가 "세상에서 가장 무서운 것은 무엇일까?"라는 질문을 꺼낸다. 아이들은 그들끼리 여러 의견을 내놓는다. 호랑이, 귀신, 도깨비, 공동묘지 등등. 그러나 모두에게 만족스런 답은 찾지 못한다. 그래서 지나가는 여러 사람들에게 물어보기로 한다. 하지만 그들로부터도 흡족한 대답은 듣지 못한다. 해가 질 무렵 한 노인이 나타난다. 아이들은 마지막 희망을 품고 노인에게 묻는다. 그는 "세상에서 가장 무서운 것은 망각"이라고 말한다. "젊은이도 늙어감에 따라 모든 것을 잊게 된다. 사랑하는 사람은 물론 사랑하는 마음조차 잊혀진다"라고 얘기한다. 그래서 가장 무서운 것은 망각이라고. 이윽고 땅거미가 지면서 노인은 갈 길을 간다. 아이들도 뿔뿔이 흩어진다. 마치 언제 무슨 일이 있었냐고 묻기라도 하는 양 놀이터에는 아무도 남지 않는다. 어찌 보면 초등학생에게는 부담스러운 내용이다. 그러나 다른 한편으로 어린 마음에 평생 잊지 못할 감동을 주었다는 점에서는 매우 적절한 이야기라고 여겨진다.

이어령씨는 '언어의 연금술사'라고 불릴 정도로 글재주가 뛰어나다. 이를 토대로 평론가, 언론인, 교수, 장관 등을 거치면서 우리 문화계에서 한 시대를 풍미했다. 그의 글쓰기는 방대한 자료 모음에서 큰 도움을 받았다. 오늘날 누구나 쉽게 떠올리듯이 이러한 자료 모음에는 컴퓨터가 제격이다. 실제로 그는 문인으로는 드물게 일찍 컴퓨터를 익혔다. 그리하여 컴퓨터와 두뇌라는 두 개의 큰 기억 공간을 맘껏 활용했다. 이후 컴퓨터는 계속 발전했다. 그러나 두뇌는 반대로 서서히 시들어갔다. 어언간 그도 정년 퇴임을 맞이했다. 그는 그에 즈음하여 고백하기를 나이가 들어감에 따라 기억의 소멸이 느껴져서 두렵다고 했다. 어쨌든 이상의 이야기는 정상적인 노화에서 일어나는 일이다.

찰턴 헤스턴은 〈벤허〉〈십계〉 등으로 이름을 떨친 미국의 명배우다. 올해 78세. 그런 그가 최근 알츠하이머병에 걸렸을 가능성이 있다고 녹화 테이프를 통하여 공개했다. "언제 말할 수 없게 될지 몰라 미리 인사드린다. 변함없이 사랑하되 동정하지는 말아달라"고 했다. 그는 배우 출신의 로널드 레이건 전 대통령과 절친하다. 그런데 레이건도 1994년에 같은 병에 걸렸음을 공표했다. 그 후 병세는 점점 악화되었다. 91세인 올해는 마침내 50여 년을 함께 살아온 아내 낸시 여사조차 알아보지 못하게 되었다. 가까운 한 지인은 "그녀와 함께 했던 대부분의 세월은 백지 상태가 됐다"고 전했다. 거의 모든 사람이 부러워할 현란한 기억으로 가득 찼던 두뇌가 본래의 공백으로 돌아가고 있다.

많은 사람들이 장수를 바란다. 다만 단순 장수가 아니라 '무병장수'를 원한다. 그리고 이때의 무병은 정신적 및 육체적인 건강을 뜻한다. 그런데 알츠하이머병은 이 두 가지를 모두 좀먹는다. 정확한 원인은 아직 모른다. 뚜렷한 치료법도 없다. 이 병에 걸리면 뇌의 조직이 줄어든다. 그에 따라 기억도 비어간다. 끝내 기억의 소멸 자체를 모르게 되는 것은 그나마 축복일지도 모른다. 그러나 사람이라면 누구나 인간의 가장 큰 특징인 자의식을 죽는 순간까지도 잃지 않기를 바랄 것이다. 최근에 미국의 한 한인 학자가 알츠하이머병에 관련된 유전자를 발견했다고 한다. 생물학의 시대로 예견되는 21세기에는 그에 힘입어 병적인 노화의 두려움이 깨끗이 걷히기를 고대한다.

인간의 2대 특징 : 외적으로는 직립보행, 내적으로는 자의식

우리 인간이 다른 동물과 구별되는 가장 중요한 특징은 무엇일까?

외부적으로 가장 뚜렷한 것은 직립보행이다. 인간 외에 원숭이도 가끔씩 직립보행을 한다. 또한 곰이나 캥거루와 같이 직립보행과 비슷한 행동을 하는 동물도 있다. 심지어 개나 말 등은 훈련에 의하여 직립보행을 익힐 수 있다. 하지만 이들에게 직립보행은 어디까지나 보조 수단일 뿐, 네 개의 발로 움직이는 것이 기본이다. 특히 여기에서 '네 개의 발'이라고 표현한 점에 주목할 필요가 있다. 모든 동물 가운데 정말로 '손'이라고 부를 만한 기관을 가진 동물은 오직 인간뿐이다. 다른 동물의 경우 모두 '앞발'이라고 부른다. 두말할 것도 없이 그 이유는 직립보행 여부와 직결된다. 발은 바로 보행에 쓰이는 기관이기 때문이다.

다음에 내적으로 가장 중요한 특징은 자의식(self-awareness)이다. 인간의 지능이 발달했다고는 하지만 낮은 수준이나마 지능을 가진 것으로 보이는 동물은 매우 많다. 그런데 그들의 지능 작용은 모두 외부를 향하고 있다. 따라서 외부 상황을 판단하고 그에 대한 반응은 하지만 자신의 존재를 인식하지는 못한다. 그러나 인간은 지적 능력의 방향이 외부와 내부를 향해 두루 뻗친다. 이에 따라 인간은 외부 세계와 내부 세계라는 두 개의 세계가 마주치는 곳, 오늘날의 컴퓨터 용어를 빌려서 말하자면 이른바 '인터페이스(interface)'에 자리잡은 존재로서 살아가고 있다.

이와 같은 자의식의 존재 여부를 가장 손쉽게 보여주는 것은 바로 거울이다. 사람을 제외하고 거울 속에 비친 자신의 모습을 자신으로 인식하는 동물은 침팬지나 오랑우탄뿐이라고 한다. 그러나 이들이 자신의 모습을 인식한다고 해서 반드시 그것을 자의식이라고 부를 수 있는지는 아직 밝혀지지 않았다. 그 이유로는 무엇보다도 자의식이라는 개념 자체의 정의가 모호하다는 점을 꼽을 수 있다. 그러나 이런 점을 감안하더라도 침팬지와 오랑우탄의 의식을 자의식이라고 부르기는 좀 무리인 듯하다. 따라서 비유컨대 그것을 그들이 보여주는 '어설픈 직립보행'과 비슷한 것이라고 봄이 타당할 것이다.

자의식과 예술

자의식은 그 자체에 내포된 깊은 신비감 때문에 예로부터 수많은 문인과 예술가들의 주된 탐구 대상이 되어왔으며, 19세기 말 이후부터는 심리학과 정신분석학의 발전에 따라 학문적으로도 진지한 연구 대상으로 여겨지게 되었다. 문학작품에 등장하는 자의식의 묘사는 참으로 많지만 그 가운데 우리 문학사에서 천재이자 기인(奇人)으로 유명한 이상(李箱, 1910~1937)의 「거울」(1934년)이라는 시를 다음에 실었다.

거울

거울속에는소리가없소
저렇게까지조용한세상은참없을것이오

거울속에도내게귀가있소
내말을못알아듣는딱한귀가두개나있소

거울속의나는왼손잡이오
내악수를받을줄모르는–악수를모르는왼손잡이오

거울때문에나는거울속의나를만져보지못하는구료마는
거울이아니었던들내가어찌거울속의나를만나보기만이라도했겠소

나는지금거울을안가졌소마는거울속에는늘거울속의내가있소
잘은모르지만외로된사업에골몰할게요

거울속의나는참나와는반대요마는
또꽤닮았소
나는거울속의나를근심하고진찰할수없으니퍽섭섭하오

거울은 이처럼 자신의 모습을 생생하게 비춰준다는 강한 시각적 효과 때문인지 예로부터 자의식에 대한 상징으로 널리 쓰였다. 한편 거울과 비슷하게 자신을 비추는 도구로 사용한 것에는 잔잔한 수면이 있다. 그리고 이를 이용하여 너무 깊은 자의식에 빠진 상태를 묘사한 이야기가 바로 그리스 로마 신화에 나오는 나르키소스(Narkissos=Narcissus)의 전설이다.

나르키소스는 요즘 흔히 말하는 '꽃미남' 가운데서도 최고라 할 정도로 아름다운 외모를 가진 청년이었다. 이 때문에 수많은 처녀와 요정들이 그에게 구애했으나 어찌 된 일인지 그는 그들에게 전혀 관심을 쏟지 않았다. 그중에서도 에코(Echo)라는 요정은 그를 어찌나 사랑했던지 애를 태우다 못해 몸이 여윌 대로 여위어갔으며 마침내 목소리만

[그림 39] 에코와 나르키소스. 존 워터하우스(John W. Waterhouse, 1849~1917)의 1903년 작품

남아 메아리가 되었다. 복수의 여신 네메시스(Nemesis)는 나르키소스의 이런 태도를 못마땅하게 여겨 그에게 오직 자기 자신만을 사랑하게 되리라는 저주를 내렸다. 그러던 어느 날 목이 말라 잔잔한 물가에 엎드린 나르키소스는 수면에 비친 자신의 모습에 온 정신을 빼앗기고 만다. 그리하여 한시도 물가를 떠나지 못하더니 결국 자신의 모습을 쫓아 물 속에 빠져 숨을 거둔다. 나중에 그의 무덤에서 한 송이 꽃이 피어났으며 사람들은 이를 보고 그의 이름을 따 나르키소스, 즉 수선화(水仙花)라고 불렀다.

자의식의 과잉과 역지사지(易地思之)

이처럼 자의식은 인간의 가장 큰 내적 특징이다. 그것을 이용하여 인간은 자신의 내부 세계를 구축한다. 그런 뒤 그 내부 세계를 갖고서 외부 세계와 교호(交互)하면서 살아간다. 이런 생활은 다른 동물들이 아무런 자의식 없이 단순히 외부 세계에 반응하면서 살아가는 것과는 비교할 수 없는 높은 차원의 삶이다.

그런데 이러한 자의식도 너무 지나치면 좋지 않다. 주관적인 내면 세계에만 몰입하여 객관적인 외부 세계와 적절한 관계를 유지할 수 없게 되기 때문이다. 이러한 사례의 폭은 매우 넓다. 그 가벼운 표출 양상은 일상생활에서도 흔히 찾아볼 수 있으며, 대표적인 예가 바로 나르시시즘(Narcissism)이다. 한편 병적인 증상 때문에 특히 문제가 되지만 일반적인 자의식의 과잉과 잘 구별해야 할 것으로는 자폐증(autism)이 있다.

나르시시즘은 우리말로 보통 자기애(自己愛) 또는 자기도취(自己陶醉)라고 부른다. 이 심리적 메커니즘에는 기본적으로 볼 때 긍정적인 측면이 많다. 따라서 어느 정도는 반드시 필요한 요소라고 말할 수 있다. 흔히들 하는 말로 "사람은 모두 제 잘난 맛에 산다"는 것이 있는바, 적절한 수준의 나르시시즘은 삶의 원동력으로 작용하기 때문이다. 또한 이를 통하여 자신의 장점을 발굴하게 되고, 그런 점들을 토대로 자부심과 자긍심을 만들어가게 된다. 그러나 이런 경향이 너무 지나치면 이른바 '자기중심적'이고 '이기적'인 성격이 형성된다. 그리고 더욱 지나치면 정상적인 수준을 넘어 병적인 단계에 이르렀다고 판단해야 하는 경우도 생긴다.

한편 자의식의 발달과는 상관없이 자신의 내부 세계에 갇혀 외부 세계와는 거의 완전히 단절된 모습을 보이는 경우가 있다. 이른바 자폐증이다. 자폐증에 걸린 사람에게는 오직 내부 세계만 존재하며, 외부 세계는 비존재 내지 환상의 세계에 지나지 않는다. 설령 외부 세계의 존재를 인식하더라도 자신의 소망대로만 존재할 뿐 본래의 객관적인 요소는 전혀 없는 것으로 탈바꿈되고 만다. 이러한 자폐증은 외부에 대한 반응이 거의 없다는 점에서 동물들의 자의식 결핍 상태와 다르며, 내부 세계는 있되 자의식은 없다는 점에서 보통 사람들의 내부 세계와도 다르다. 또한 나르시시즘은 심리적인 요인이 주된 원인으로 여겨짐에 비하여, 자폐증은 심리적 요인보다 뇌 조직상의 물리 화학 생물학적인 손상이 주된 원인일 것으로 보인다는 점에서도 차이가 있다.

어쨌든 자의식은 적절한 수준에서 유지되어야 바람직하다. 그에 대하여 예로부터 전해져오는 아주 유익한 처방은 바로 '역지사지의 지혜'이다. 우리는 이 어구가 사자성어(四字成語)로 되어 있다는 점만 보고 흔히 동양적인 지혜로만 여기는 경향이 있다. 그러나 알고 보면 이것은 전세계적으로 널리 퍼진 보편적인 지혜이다. 신약성경 마태복음 5장에서 7장까지의 내용은 보통 '산상수훈(山上垂訓, the sermon on the mount)'이라고 하여 기독교의 가장 핵심적인 가르침으로 여겨지고 있다. 그리고 그 가운데서도 7장 12절의 "그러므로 무엇이든지 남에게 대접을 받고자 하는 대로 너희도 남을 대접하라 이것이 율법이요 선지자니라"라는 가르침은 이른바 '황금률(Golden Rule)'이라고 불릴 정도로 핵심 중에서도 핵심이다. 그 내용은 곧 역지사지의 지혜 바로 그것이다. 앞으로 과학이 좀더 발달하여 자폐증도 적절히 치유되는 한편, 인류의 보편적인 지혜에 따라 각자의 자의식을 더욱 건전하게 확립해간다면 우리의 정신적 삶은 한결 풍요로워질 것이다.

알츠하이머병과 자의식의 파괴

알츠하이머병은 한마디로 '퇴행성 뇌질환'의 일종이다. 쉽게 말해서 정신능력이 발전하는 게 아니라 후퇴의 길로 가는 병이라는 뜻이다. 흔히 말하는 '노인성 치매'는 '노인에게 일어나는 퇴행성 뇌질환

정상적인 노년기의 뇌   알츠하이머병에 걸린 뇌

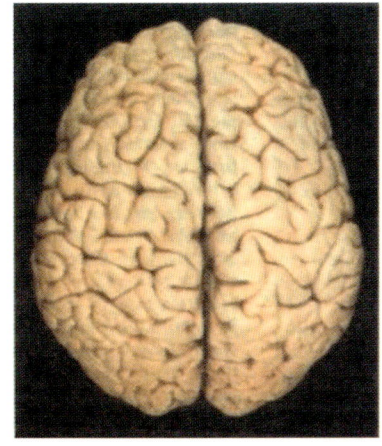
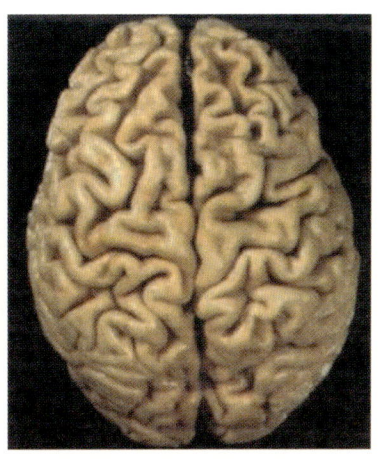

[그림 40] 정상적인 노년기의 뇌와 알츠하이머병에 걸린 뇌의 모습

의 총칭'이며, 알츠하이머병은 노인성 치매의 주된 원인이다. 알츠하이머병의 뚜렷한 원인은 아직 밝혀지지 않았다. 따라서 이 병은 현재 그 증상을 중심으로 정의된다고 말할 수 있는바, 대표적인 증상으로는 첫째, 뇌의 외형적 크기가 줄어들어서 두개골 안의 빈 공간이 커지고,

둘째, 뇌 안의 빈 공간인 뇌실(腦室)이 확대되고, 셋째 각각의 뇌세포를 연결하는 신경섬유들이 서로 뒤엉킨 매듭(tangle)을 형성하며, 넷째, 뇌의 전반에 걸쳐 노인반점(老人斑點)이 대량으로 생성된다는 것 등을 들 수 있다. 요컨대 이 모든 증상은 "밝고 부드럽던 뇌가 어둡고 딱딱하게 쪼그라든다"라고 집약할 수 있다.

뇌가 이처럼 쪼그라듦에 따라 가장 먼저 타격을 받는 것은 기억력이다. 처음에는 '건망증'이라는 가벼운 증세로부터 시작한다. 그런데 기억은 자의식의 형성에서 매우 중요하다. 자의식이란 결국 기억을 토대로 한 '경험의 축적'에서 비롯되는 것이기 때문이다. 한편 사람의 정신 기능에는 기억 외에도 인지, 사고, 판단 등이 있고 이들도 또한 자의식의 형성에 중요하다. 그러나 이러한 기능들도 그 근본 바탕은 역시 기억이다. 그리하여 기억의 상실이 진행됨에 따라 좀더 고차원적인 정신 기능들도 서서히 마비되어가며, 최종적으로는 인간 존재의 본원성(identity)을 이루는 자의식이 파괴된다.

알츠하이머병의 총체적인 원인은 아직 밝혀지지 않았지만 유전적 소인, 즉 유전자의 결함이 그 주된 원인이라는 증거가 늘어나고 있다. 이에 따라 국내외의 수많은 연구진들이 그 해결의 실마리를 잡기 위하여 노력을 집중하고 있다. 다행히 이 분야는 최근 급속히 발전하고 있으므로 비교적 큰 기대를 걸어도 괜찮을 것으로 여겨진다.

15. '1'의 의미를 되새기며

　수학을 배우면서 맨 먼저 마주치는 것은 '1'이라는 숫자다. 그 뜻은 물론 '하나'다. 세상에는 무수히 많은 사물이 있다. 그 가운데 '하나'로 존재하는 것들에 대해서 '1'이라는 숫자를 붙인다. 비유적으로 말하면 이름과 같다. 어떤 사람에게 '김갑돌'이라는 이름을 붙여주듯, '하나라는 관념'에 '1'이라는 이름을 붙였다. 더 깊이 들어가면 '1'로부터 여러 가지가 생겨나옴을 알게 된다. 하나가 있는 곳에 또 하나가 들어오면 '둘'이라는 관념이 된다. 거기에 '2'라는 이름을 붙여준다. 이 과정을 계속한다. 결국 '1, 2, 3, ……'이라는 자연수 체계가 '1'로부터 '자연스럽게' 만들어진다.

　'1'은 다른 용어를 만드는 데에도 다양하게 사용된다. 그 가운데 대표적인 것으로 '정상적인'이란 뜻의 'normal'이 있다. 어떻게 해서 '1'로부터 이런 뜻이 나오게 되었는지 잠시 살펴보자.

normal의 어간은 norm이다. 그 가장 기본적인 뜻은 바로 '1'이다. '1'로부터 모든 자연수가 만들어지듯, normal이란 말과 관련된 뜻은 모두 '1'이라는 뜻으로부터 흘러나온다. norm이 갖는 두 번째 뜻은 '자尺'다. 왜 이 뜻이 나오는지는 자의 모습을 보면 쉽게 이해된다. 자를 만들려면 먼저 어떤 '기본 단위'가 필요하다. 그 기본 단위를 '1'로 정한다. 그런 뒤 그것을 똑같은 간격으로 반복한다. 그 반복된 곳마다 눈금을 새겨넣으면 바로 자가 된다. 이렇게 만들어진 자는 다른 대상을 재는(측정하는) 기능을 한다. 이로부터 '표준'이라는 관념이 따라나온다. 한편 다른 것을 판단할 때는 은연중에 비교를 많이 한다. 더 낫다든지 못하다든지 하는 식으로. 그리하여 이로부터 '평균적인 수준'의 뜻이 도출된다. 그 수준을 중심으로 비교를 한다.

이 '평균적인'의 뜻이 발전해서 '정상적인'이라는 뜻이 되었다. 더도 덜도 아닌 곳, 과유불급過猶不及의 비난을 받지 않는 곳, 중용의 미덕이 자리잡은 곳이 정상이다. 그로부터 멀리 떨어지면 비정상 abnormal이 된다. 그런데 여기에 한 가지 중요한 점이 있다. 이제껏 얘기한 의미의 도출 과정을 보면, 정상과 비정상의 구분은 다분히 인위적이다. 어떤 절대적 가치를 두고 가름하지 않는다. 그리하여 숫자가 많으면 그쪽을 중심으로 '정상적인 상태'가 형성된다. 이 때문에 억울한 일이 생길 수가 있다. 역사적으로 가장 유명한 예는 갈릴레오다. 갈릴레오는 자신의 관측과 계산을 바탕으로 지동

설을 주장했다. 그러나 당시의 지배적인 세력들 때문에 비정상이라는 판정을 받았다. 여기서 더욱 중요한 점은 지동설이라는 이론은 자연과학적 이론으로서 다수결의 대상이 아니라는 사실이다. 그래서 그는 더욱 억울했다. 그리하여 다만 혼자서 속으로 "그래도 지구는 돈다"라는 말을 남겼다.

근래 국무총리의 인준이 두 차례나 거부되는 헌정사상 초유의 일이 일어났다. 이런 일을 보면서 우리는 우리 사회가 과연 진정한 의미에서의 '정상적인' 방향으로 움직이고 있는지에 대한 의구심을 느낀다. norm에는 '규범' '법도' 라는 뜻도 추가된다. normal에는 또 '수직(垂直)의' 라는 뜻도 있다. 이 두 가지를 결합하면 '법도를 세운다' '솔선수범' 이란 말이 된다. 어쩌면 앞으로의 몇 달은 더욱 혼란스러울지도 모른다. '1' 에서부터 차분히 '하나씩' 풀어가면 어떨까?

1은 모든 수의 기원

어린 시절 수학을 배울 때 아주 기본적인 개념으로 소수(素數, prime number)라는 것이 나왔다는 것을 누구나 기억할 것이다. 소수는 "1보다 큰 수로서 1과 그 자신 이외의 약수를 갖지 않는 수"를 말한다. 따라서 2, 3, 5, 7, 11, …… 등이 소수이며, 이 정의에 따라 1은 소수에 속하지 않는다.

이런 수들을 왜 '소수'라고 부를까? 그 이유는 간단하다. '소수'의 '소'는 '원소(元素, element)'라는 뜻이다. 자연계의 모든 물질이 약 100가지의 원소들로 이뤄지듯이, 소수가 아닌 모든 수는 소수들의 곱으로 표현할 수 있다. 예를 들어 $12 = 2^2 \times 3$이고 $360 = 2^3 \times 3^2 \times 5$이다 (초등학교 때부터 배우는 '소인수분해'를 말한다). 이에 따라 소수가 아닌 수는 '합성수(合成數)'라고 부른다. 합성수는 소수들의 곱으로 만들어지지만, 소수는 다른 소수들의 곱으로 만들어지지 않으므로 소인수분해를 할 때 기본적으로 필요하다. 그래서 소수라고 부른다.

1은 정의에 따라 소수가 아니다. 그런데 합성수 또한 아님이 분명하다. 1, 2, 3, ……으로 끝없이 이어지는 자연수(natural number) 가운데, 소수도 합성수도 아닌 수는 1 하나뿐이다. 그런 점에서 1은 참으로 '천상천하 유아독존(天上天下 唯我獨尊)'격의 독보적인 존재라고 하겠다.

이 독특한 1은 소수와 합성수를 포함한 모든 자연수를 만드는 모태가 된다. 맨 처음에 1이 존재한다고 치자. 1이 그렇게 존재한다면 또

다른 1이 존재하지 말란 법이 없다. 그러고 보면 '1 그리고 또 1'이라는 상황이 펼쳐진다. 그것이 '2'다. 이와 같은 논리가 반복되지 말란 법도 없다. 따라서 이를 계속 반복하면 모든 자연수가 자연스럽게 만들어진다.

자연수를 이렇게 구성하는 과정은 이탈리아의 수학자이자 논리학자인 페아노(Giuseppe Peano, 1858~1932)가 제창한 '페아노의 공리계'라는 것을 좀 간단히 꾸민 것이라고 말할 수 있다. 참고로 페아노의 공리계를 소개하면 다음과 같다.

① 1은 자연수이다.
② 임의의 자연수 n에 대하여 '그 다음의 자연수'인 n'은 오직 하나 존재한다.
③ n'은 1이 될 수 없다.
④ n'과 m'이 같은 자연수이면 n과 m도 같은 자연수이다.
⑤ 자연수의 집합 N이 있는데, ㉮ 1이 N에 속하고, ㉯ 모든 n'이 N에 속한다면 N은 모든 자연수의 집합이다.

수학적 엄밀성을 위하여 이처럼 5가지의 공리로 세분했을 뿐, 그 기본적인 내용을 한마디로 요약하자면 "자연수는 1을 기본으로 하고, '그 다음의 자연수'를 계속적으로 나열한 것"이라고 이해할 수 있다. 결국 이로부터 우리는 1이 모든 자연수의 모태라는 사실을 다시 한번 확인하게 된다.

그런데 이렇게 자연수가 만들어진 것으로써 모든 수가 완결될까? 그와 반대로 오히려 다른 모든 수들이 자연수를 토대로 파생되어 나왔다. 자연수를 서로 나눔으로써 '유리수'가 나왔고, 제곱을 해서 자연수가 되는 수들을 찾다보니 '무리수'가 나왔다. '하나'라는 관념의 '존재'로부터 1이 나왔는데, 이를 뒤집어 '하나'라는 관념의 '비존재'를 생각함으로써 '0'을 얻었다. 0을 기준으로 '증가'하는 쪽을 '양수'로 보았는데, 이와 반대로 '감소'하는 쪽에 주목함으로써 '음수'를 얻었다. 그리고 마침내 '제곱을 해서 음수가 되는 수'를 찾는 과정에서 '허수'도 얻었다. 이렇게 하여 오늘날 우리가 알고 있는 모든 수가 완결되었는데, 역사적으로 돌이켜볼 때 그 모든 수의 출발점은 바로 1이었다.

만물은 무(無)로부터

페아노는 이처럼 1로부터 자연수가 흘러나오도록 하는 논리 체계를 구성했다. 그런데 헝가리 출신의 미국 수학자 노이만(John von Neumann, 1903~1957)은 이보다 더 과감한 구상을 제시했다.

그는 먼저 공집합(empty set), 즉 '아무런 원소도 없는 집합'을 생각했다(공집합은 'Ø' 또는 '{ }'로 표기한다). 세상에는 이런 집합이 많다. '영보다 큰 음수'와 같이 논리적으로 공집합일 수밖에 없는 것도 있는가 하면, '달에 사는 사람'처럼 논리적으로는 있을 수 있지만 현실적으로 공집합인 것도 많다. 어쨌든 이런 모든 공집합들은 '원소가 없다' 또는 '원소의 개수가 0이다' 라는 공통된 특성이 있다. 이러한 공통된 특성을 '0' 이라는 수로 나타낸다.

다음으로 '공집합이라는 하나의 원소를 가진 집합' 을 생각한다. 이 집합은 {∅} 또는 {{ }}로 쓸 수 있다. 여기서 주의할 것은 '공집합' 과 '공집합을 원소로 가진 집합' 은 분명 서로 다르다는 점이다. 전자는 원소가 없지만 후자는 원소가 하나 있다. 그리하여 '1' 이라는 수를 '공집합이라는 하나의 원소를 가진 집합' 으로 정의한다.

위와 같이 정의된 1을 달리 표현하면 "1은 0을 원소로 가진 집합"이며, 한번 더 바꿔 말하면 "1은 1보다 작은 모든 수를 원소로 가진 집합"이라고 말할 수 있다. 이것을 이용하면 1 다음의 수인 2는 '2보다 작은 모든 수를 원소로 가진 집합' 으로 정의할 수 있고, 이것을 식으로 쓰면 "$2 = \{0, 1\} = \{\emptyset, \{\emptyset\}\}$"가 된다. 똑같은 과정을 계속 반복한다. 그러면 3은 '3보다 작은 모든 수를 원소로 가진 집합' 이므로 "$3 = \{0, 1, 2\} = \{\emptyset, \{\emptyset\}, \{\emptyset, \{\emptyset\}\}\}$"가 되고, 일반적인 숫자 N은 0부터 $N-1$까지의 N개의 원소를 가진 집합, 즉 "$N = \{0, 1, 2, \cdots, N-1\} = \{\emptyset, \{\emptyset\}, \{\emptyset, \{\emptyset\}\}, \cdots, \{\emptyset, \{\emptyset\}, \{\emptyset, \{\emptyset\}\}, \cdots \}\}$"가 된다(맨 오른쪽의 중괄호의 개수는 N개).

이와 같은 노이만의 방법을 보면 각 수를 정의하는 집합의 맨 안쪽 핵심에는 공집합이 자리잡고 있다. 그런데 수학적 개념인 '공집합' 을 일상적인 용어로 풀이하면 그 뜻은 바로 '무(無)' 이다. 이 과정은 마치 양파와도 같다. 한 꺼풀을 벗겨내면 그 안에 다른 꺼풀이 나온다. 그 안에 무엇이 있는지 궁금해서 그것을 벗겨내면 또다른 꺼풀이 나온다. 갈수록 더욱 궁금해져서 계속 벗겨내지만 결국 남는 것은 '텅 빈 공간으로서의 무'에 불과하다.

노이만의 방법은 이처럼 "무한히 많은 수를 오직 무 하나만을 이용해서 모두 만들어낸다", 즉 "모든 유(有)가 무로부터 창출된다"는 점에서 깊고도 깊은 철학적 매력을 담고 있다. 그런 이유로 순식간에 많은 사람의 주목을 받아 널리 알려지게 되었다. 실제로 이런 관념은 동서양의 고대 철학에서 두루 찾아볼 수 있다. 동양의 경우 예로부터 인도 철학은 무와 특히 친숙했다. 그래서인지 '수학적인 영'의 개념 및 그 기호인 '0'을 맨 처음 창안한 곳도 바로 인도이다. 중국의 고대 철학에서도 무의 관념은 여러 모습으로 나타난다. 그 가운데서도 '무위자연(無爲自然)'을 내세우는 노장사상(老莊思想)은 유교(儒敎)와 더불어 중국 고대 철학의 양대 기둥으로 쌍벽을 이루면서 전해 내려왔다. 서양의 경우 기독교에서 내세우는 창조론은 이른바 '무로부터의 창조(creatio ex nihilo)'이다. 신은 시간도 공간도 원료도 없는, 그야말로 '아무것도 없는' 상태로부터 만물을 창조해냈다는 것이 그 요체이다. 이와 대조적으로 인간의 창조라고 할 수 있는 '발명(invention)'은 제아무리 혁신적이라 하더라도 그 본질에서는 어디까지나 '유로부터의 창조'에 지나지 않는다.

끝으로 한 가지 지적할 것은 페아노의 공리계도 '0'으로부터 시작하는 것으로 꾸밀 수 있다는 점이다. 그의 공리계에 나오는 1을 모두 0으로 대치하기만 하면 된다. 이런 점에서 볼 때 수와 만물의 근원은 역시

0 또는 무라고 봄이 타당한 것도 같다. 하지만 이것은 어디까지나 결과론적 관점이다. 아득한 고대의 모든 수 체계는 1로부터 시작했고 0은 아주 늦게야 비로소 첨가되었다. 요컨대 논리적으로는 0이 1보다 앞서지만, 역사적으로는 역시 1이야말로 모든 수의 기원이라고 볼 수 있는 것이다.

정수가 신의 작품?

이상의 내용을 볼 때 인류는 맨 먼저 자연수의 체계를 '자연스럽게' 가졌고, 그 뒤를 이어 '0을 포함한 양의 정수', 그리고 그 다음 다시 '음의 정수, 0, 자연수'로 구성된 '정수 체계'를 얻게 되었다고 이해할 수 있다. 이밖에 다른 수들도 많지만 그것들은 모두 제쳐놓고 이러한 정수 체계를 중심으로 연구하는 분야를 '정수론(整數論)'이라고 부른다.

이 정수론의 연구를 좋아하여 특히 이 분야에 집중한 사람으로는 독일의 수학자 크로네커(Leopold Kronecker, 1823~1891)가 유명하다. 그는 어찌나 정수론에 심취했던지 "정수는 신이 만들었고, 다른 수는 모두 인간이 만들었다"는 말을 남기기도 했다. 그는 심지어 "무리수가 실재하지 않는 마당에 무리수가 초월수라는 점을 증명하는 것이 무슨 쓸모가 있는가?"라고 말하기도 했다〔초월수(超越數, transcendental number)는 무리수이되 x에 관한 n차 방정식의 근이 아닌 수를 말한다. 원주율 π, 자연로그의 밑 e 등이 초월수로 알려져 있다〕.

이 점에서 그는 고대의 수학자 피타고라스(Pythagoras, BC 582?~BC 497?)와 상통한다는 느낌도 준다. 피타고라스는 '무리수의 아버지'라고 불러도 좋을 사람이지만 기이하게도 그는 무리수를 사생아처럼 취급했다. 그리하여 한사코 이를 덮어두려 했으며 제자들로 하여금 절대로 외부에 발설하지 못하도록 했다. 그러나 제자 가운데 히파수스(Hippasus)라는 사람이 '진리에 대한 사명감' 때문이었는지 아니면 '임금님 귀는 당나귀 귀' 얘기에서 보는 바와 같은 '발설 욕구' 때문이었는지 알 길이 없으나, 결국 피타고라스의 엄명을 깨고 외부에 누설하고 말았다. 피타고라스는 이에 격분하였으며 끝내 다른 제자들을 시켜 그를 물에 빠뜨려 죽게 했다고 한다(확실한 사실은 아니다. 설사 익사시키도록 한 것이 사실이라고 해도 그 이유가 이 비밀을 발설했기 때문인지도 불분명하다. 다른 야사(野史)에 따르면 히파수스를 추방만 하고 죽은 것처럼 묘비를 세웠다고도 한다).

물론 크로네커가 무리수를 부정한 것은 피타고라스가 무리수를 부정한 것과는 논의의 차원이 다르다. 그러나 둘 다 일종의 편견에 사로잡혀 있었다는 점에서는 공통이다. 나아가 이들의 공통점은 무리수의 부정에만 그치지 않는다. 피타고라스가 히파수스를 괴롭혔던 것처럼 크로네커도 그의 제자라고 할 수 있는 칸토르(Georg Cantor, 1845~1918)를 지나치게 핍박했던 것으로 유명하다.

독일의 수학자인 칸토르는 집합론의 창시자로 현대 수학의 초석을 놓은 사람으로서 가장 유명하며, 오늘날 당대의 다른 어떤 수학자들보다 더 높게 평가되고 있다. 그러나 이것은 모두 그가 죽고 난 후의 일일 뿐, 살아 있던 당시에는 크로네커를 위시한 다른 수학자들로부터 많은 공격을 받았다. 그는 대학 시절 크로네커의 강의를 들은 적이 있으므로 그의 제자라고 볼 수 있다. 나중에 할레(Halle)라는 소도시의 대학에서 교수직을 얻었지만 마음속으로는 늘 언젠가 위명이 드높은 베를린 대학에서 연구할 수 있게 되기를 원했다. 그러나 안타깝게도 그의 연구 방향은 이미 베를린 대학에 자리잡고 있던 크로네커가 싫어하는 분야와 정면으로 충돌했다. 그리하여 베를린 대학에 자리를 얻기는커녕 그로부터 격렬한 공격을 받았다. 이런 것이 직접적인 원인이었는지는 알 수 없지만 칸토르는 마침내 정신병원에 수감되었으며 그곳에서 비참한 생애를 마감하고 말았다.

이상의 얘기에서 보듯이 "정수는 신이 만들었고, 다른 수는 모두 인간이 만들었다"는 크로네커의 말은 기본적으로 편견일 뿐 수학적으로나 철학적으로나 깊은 의미를 부여할 만한 올바른 견해가 아니다. 그런데도 우리나라의 주요 교재나 서적들은 그 배경에 대한 이야기는 생략한 채 이 말만 따로 떼어 소개하고 있으며, 그에 따라 크로네커의 이 기이한 편견이 더욱 널리 확산되도록 조장하고 있는 형국이다. 수학(나아가 과학, 더 나아가 모든 학문)을 배우면서 그에 내포된 철학적 의미를 탐구하는 것도 좋지만 도를 지나쳐서 신비주의에 몰입해서는 안 된다. '피타고라스 : 히파수스' 그리고 '크로네커 : 칸토르'의 얘기에 얽힌 교훈을 되새기면서 올바른 '수학관'(나아가 올바른 과학관, 더 나아가 모든 학문에 대한 올바른 학문관)을 갖도록 꾸준히 노력해야 한다.

'Normal distribution'은 '정상분포'?

Norm 또는 normal이 기본적으로 1이라는 뜻을 가진다는 것과 관련하여 또 한 가지 생각해볼 점으로는 'normal distribution'이라는 것이 있다. 이것을 우리말로는 흔히 '정상분포(正常分布)' 또는 '정규분포(正規分布)'라고 부르는데, 엄밀한 의미에서 볼 때 이런 명칭들은 약간 부적절하다. 정상분포라는 말은 은연중에 이런 분포 이외의 분포는 비정상이라는 의미를 전해준다는 점에서 부적절하며, 정규분포라는 말은 사실상 아무런 뜻도 없는 무의미한 것이라는 점에서 그렇다. 우선 이 분포의 식은 $f(x) = \frac{1}{\sqrt{2\pi}\sigma} e^{-(x-\langle x \rangle)^2/2\sigma^2}$ 으로 주어지며, 그 그래프는 다음과 같다.

이 식을 보고 가장 먼저 느끼는 점은 그 형태가 사뭇 복잡하다는 점

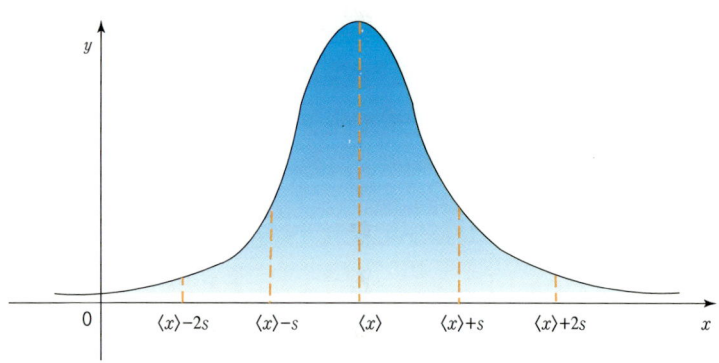

〔그림 41〕 정상분포 또는 정규분포라고 불리는 normal distribution의 식 $f(x) = \frac{1}{\sqrt{2\pi}\sigma} e^{-(x-\langle x \rangle)^2/2\sigma^2}$ 의 그래프

이다. 그러나 여러 가지 부수적인 요소를 제쳐둔다면 이 식의 기본적인 형태는 $f(x)=e^{-x^2}$이라는 비교적 간단한 것임을 곧 알 수 있다. 이것 외의 다른 요소들은 평균을 x, 표준편차를 0, 그리고 이 그래프 아래의 전체 넓이를 1로 만들고자 하는 취지에서 덧붙여진 것들일 뿐이다. 특히 여기서 맨 나중의 요소가 가장 핵심이다. 이 normal distribution의 식은 '확률밀도함수(確率密度函數)'라고도 부르는데, 이것이 바로 이 그래프 아래의 전체 넓이를 1로 만들려는 기본 이유이다. 이를 이해하는 데에는 주사위가 아주 좋다. 주사위의 면은 여섯 개이며, 각 면이 나올 확률은 모두 $\frac{1}{6}$이다. 그리고 이 확률을 모두 더하면 1이 된다. 다시 말해서 확률은 어느 경우에나 모두 합산할 경우 항상 1이 된다는 특성을 가진다.

이 점에서 보듯이 normal distribution이라는 명칭은 '전체 확률은 1'이라는 본질을 가리키는 것이며, 따라서 정확히 말하자면 '단위분포(單位分布)'라고 부르는 것이 가장 타당하다. 현재 '정상분포' '정규분포'라는 말이 너무 확산되어 있어서 바로잡기 곤란한 측면도 있지만, 어쨌든 그 기본에는 '단위화(單位化, normalization)'라는 개념이 깔려 있다는 점을 유의해야 할 것이다.

16. 신념과 편견은 종잇장 차이

사람은 '생각의 자유'를 가진다. 용어는 조금씩 다르지만, '종교·양심·사상·학문의 자유' 등은 모두 이 범주에 속한다(넓게 보면 언론·출판·결사·집회 표현의 자유 등도 여기에 포함된다. 그러나 위 부류와는 질적으로 약간 다르다). 이 용어들에 내포된 '자유'라 함은 기본적으로 모두 '외부로부터의 자유'를 뜻한다. 김대중 대통령은 노벨 평화상 수상에 즈음하여 "민주주의는 인류 공통의 가치"라고 말했다. 물론 아직도 세계적으로 민주주의가 제대로 정착되지는 않았다. 그러나 인류 역사상 가장 폭넓게 확산되고 있다. 이에 따라 오늘날 적어도 생각의 자유에 있어서 외부로부터 크게 간섭받는 일은 드물다. 그러나 '내부로부터의 자유'는 어떨까? 놀랍게도 우리가 가지는 생각에 대한 '내부적 간섭'으로부터 자유로울 수 있는 사람은 아무도 없는 듯하다.

이러한 내부적 간섭의 원천은 역설적이게도 바로 우리가 품고 있는 생각들이다. 이를 다른 말로 '신념'이라고 부르기도 한다. 요즈음 사회적으로 큰 이슈가 되고 있는 '양심적 병역 거부'에서의 '양심'도 그 본질에서는 신념이다. 이 경우의 양심은 외부 제도와 충돌을 겪고 있다. 하지만 외부적으로 별다른 강제가 없더라도 양심에 전혀 거리낌이 없는 사람은 없다. 심지어 어떤 이는 "인간에게 양심이 있다는 사실은 인간이 아직도 완전히 자유롭지 못하다는 증거"라고 말하기도 했다.

우리는 흔히 과학자를 '편견 없는 사람'이라고 본다. 그 배경에는 "자연과학의 이론은 실험이나 현상을 통해서 객관적으로 검증된다. 따라서 개인의 주관이 개입할 여지가 없다"라는 논리가 자리잡고 있다. 한마디로 자연과학의 이론들은 가치중립적이라는 생각에서 나온 논리다. 그러나 이런 생각 자체가 일종의 편견이자 선입견이다. 역사적으로 '위대한 과학자'라는 평가를 받아온 수많은 현인들도 신념으로 포장된 편견에서 완전히 벗어나지는 못했다.

몇 가지의 예를 보자. 피타고라스는 그의 이름이 아로새겨진 '피타고라스의 정리'를 통해 무리수의 세계를 연 인물이다. 그러나 "세상의 본질은 유리수"라는 기묘한 신비주의적 논리에 빠져 죽을 때까지 무리수의 존재를 인정하지 않았다. 뉴턴은 '절대공간'의 존재가 부정된다는 사실을 스스로 잘 알고 있었다. 그럼에도 불구하고 자신의 모든 이론을 이 토대 위에 세웠다. 그가 지은 『프린키피아 Principia』는 자연과학 역사상 가장 위대한 저서로 평가받고 있다. 이러한 인간적 오류가 들어 있어서 더욱 그렇게 평가되는 것은 아닐까? 아인슈타인은 상대성이론으로 특히 유명하지만 양자역학의 초석을 놓은 사람이기도 하다. 하지만 그는 양자역학의 한 본질인 확률론적 측면을 싫어했다. 그리하여 "신은 주사위 놀이를 하지 않는다"라는 말을 남기고 더이상 가까이 하지 않았다. 노벨 물리학상 수상자인 윌리엄 쇼클리는 트랜지스터를 발명하여 컴퓨터 문명을 이끈 장본인이다. 그러나 뿌리깊은 백인우월주의자로서 많은 비난을 받았다.

오늘날 사회가 민주화, 다원화되면서 수많은 신념과 편견이 난무하고 있다. 그 가운데는 올바른 신념도 분명 많을 것이다. 그러나 편견들도 한결같이 신념의 가면을 쓰고 나타나 다른 사람은 물론 자기 자신마저 속이기도 한다. 그래서 더욱 자유롭기가 어렵다. 하지만 신념과 편견은 종이 한 장 차이일 수 있다. 궁극의 판단은 신의 영역일지 모르지만, 인간적으로 늘 한 번 더 돌아볼 필요가 있다.

피타고라스의 음악 사랑

피타고라스가 '무리수의 아버지' 격에 해당하면서도 죽을 때까지 무리수의 존재를 인정하지 않았다는 사실은 "'1'의 의미를 되새기며"에서 이미 쓴 적이 있다. 따라서 여기서는 왜 그가 유리수만을 고집했는지를 살펴보기로 하자.

피타고라스가 수를 중요하게 생각하여 "만물의 근원은 수"라는 주장을 폈다는 것은 상식처럼 널리 알려져 있다. 그리고 여기서의 수는 '자연수'를 가리킨다(당시에는 아직 0이나 음수의 존재가 알려지지 않았다). 그런데 그가 그렇게 생각하게 된 직접적인 배경은 자못 신기하게도 음악이다. 전하는 얘기에 따르면 처음부터 음악에 관심을 가진 것은 아니고 우연한 계기로 빠져들게 되었다고 한다.

이암블리코스(Iamblichos, 250?~330?)라는 철학자는 플라톤 철학을 계승한 사람인데 그가 쓴 책 가운데 『피타고라스 학파의 생활에 관하여 *Peri tou Puthagoricou Biou*』라는 것이 있다. 그의 이야기에 따르면 어느 날 피타고라스는 문득 인간의 청각을 증진시켜줄 '보청기'라는 것을 만들 수 없을까라는 생각을 했다. 자연철학자다운 예리한 통찰로 그는 마치 우리의 손에 전해지는 물체의 무게를 수치로 나타낼 수 있듯이 우리의 귀에 전해지는 소리도 수치화할 수 있을 것이라는 착상을 하게 되었다. 그런 생각에 골몰하면서 대장간 앞을 지나가던 그의 귀에 망치로 쇠를 두드리는 규칙적인 소리가 전해졌다. 마침 보청기에 대한 생각을 하던 중이라서 그는 자연스럽게 그 소리에 귀를 기울이게 되었다. 순간 그의 머릿속에서는 아주 놀라운 아이디어가 떠올랐으며, 정작 찾으려는 보청기의 원리와는 무관하지만, 오히려 그보다 훨씬 중요한 현상을 발견한다.

그는 똑같은 망치 소리들 가운데서도 어떤 소리는 우리의 귀에 아주 즐거운 화음으로 들린다는 점을 포착했다. 그리하여 그 원인을 찾게 되었고, 여러 개의 망치 가운데 그 무게의 비율이 간단한 정수의 비로 나타내질 때 그런 현상이 일어난다는 점을 알아냈다. 예를 들어 2:1, 3:2, 4:3이 대표적인 경우였다. 이와 달리 간단한 정수비로 표시되지 않을 경우에는 귀에 거슬리는 소음으로 들렸다. 피타고라스는 이로부터 음악의 화음을 이루는 배경에는 수학의 원리가 담겨 있으며, 그 원리를 따를 때 자연은 조화로운 모습으로 드러난다는 사실을 깨닫게 되었다.

그러나 애석하게도 이와 같은 이암블리코스의 이야기는 곧이곧대로 받아들이기 어렵다. 망치와 쇠가 부딪쳐서 나오는 소리의 진동수는 망치의 무게가 아닌 다른 요소에 의하여 정해지기 때문이다. 그러나 그 이야기를 현악기의 줄에 적용시킨다면 정확히 옳다. 현악기의 음정은 줄의 길이에 반비례하며, 따라서 적절한 길이의 두 현에서 나오는 음은 서로 화음을 이룬다. 실제로 피타고라스는 이러한 화음의 원리를 토대로 현악기의 음정 조율법을 개발했다. 이런 일이 직접적인 계기가 되었는지는 분명하지 않으나 어쨌든 피타고라스는 음악을 매우 사랑했다고 한다. 화음의 원리를 수학적으로 파악한 그의 업적은 '자연 현상과 수학 사이의 관계'를 명확하게 드러낸 최초이자 가장 중요한 발견의 하나로 평가받고 있다.

추측컨대 그는 이후에도 수많은 자연 현상들의 배경에 수학적 원리가 깔려 있다는 것을 점점 더 깊이 깨닫게 되었을 것으로 보인다. "만물의 근원은 수"라는 신념에 찬 그의 주장으로부터 이를 능히 짐작할 수 있다. 이런 경향이 너무 지나쳤던 탓인지 그는 전반적으로 신비주의에 심취했다고 전해진다. 당시만 해도 아직 제대로 된 '과학적 세계관'이 나오기는 어려웠을 것이므로 그의 이런 경향은 이해할 만하다고 하겠다. 그리하여 그는 "만물의 근원에는 자연수가 있고, 세상의 모든 현상은 자연수와 그 비율을 통하여 드러난다"고 믿게 되었다. 그의 이런 생각에서 '자연수'의 관념 못지 않게 그것을 조합하는 '비율'의 관념도 중요한 자리에 있음을 알 수 있다. 다시 말해서 세상은 근본이 되는 자연수와 그것을 무한히 다양한 형태로 조합하는 비율에 의하여 표현된다. 그 밖의 다른 것은 생각할 여지가 없다. 그래서 그는 이 두 가지를 모두 포함하는 수, 즉 '유리수'가 세상의 본질이라고 보았다.

음악과 수학

위에서 피타고라스는 현악기에 있는 현의 길이를 조절함으로써 화음을 만들어내고 이를 통하여 음을 조율했다고 말했다. 그리고 그런 화음은 현의 길이가 2:1, 3:2, 4:3 등과 같은 단순한 정수비를 이룰 때 나온다고 했다. 그런데 이런 비율을 오늘날의 음악에 쓰이는 음정에서 찾아보려고 하면 2:1만 발견될 뿐, 3:2와 4:3은 찾을 수 없다. 오늘날 우리가 쓰는 음계가 예전의 것과 다르기 때문이다. 이 점에 대하여 잠시 살펴보기로 하자.

현재 우리가 쓰는 음계는 '도-레-미-파-솔-라-시-도'로 구성되어 있다. 아래의 도와 위의 도는 진동수가 정확히 두 배이다. 한편 '미-파'와 '시-도' 사이는 반음이고 다른 구간은 온음으로 되어 있다. 따라서 전체를 반음으로 세분하면 모두 12단계이고, 피아노의 한 옥타브 내에 있는 7개의 흰 건반과 5개의 검은 건반이 이 각각의 단계를 나타낸다. 그런데 이 음계는 12단계의 진동수가 일정한 비율로 증가하도록 했으며, 따라서 각 음의 진동수는 수학에서 말하는 등비수열을 이룬다. 이처럼 각 단계 사이의 진동수 비율이 일정하다고 해서 이 음계를 '평균율(平均律, equal temperament)'이라고 부른다. 이제 남은 일은 가장 기본이 되는 음을 택하고 그 진동수를 정하는 것인데, 이에는 1834년에 'A'음(우리말로는 '가'음)의 진동수를 440Hz로 정한 기준이 현재 세계적으로 가장 널리 쓰인다[440Hz는 1초에 440번 진동한다는 뜻이며, 그 단위인 Hz는 독일의 물리학자 헤르츠(Heinrich R. Hertz, 1857~1894)의 이름을 따서 만들었다].

이런 내용을 토대로 각 단계의 진동수 비율을 x로 나타내어 식을 꾸미면 "$440x^{12}=880$"이 된다. 이를 풀면 $x=\sqrt[12]{2}$인 무리수이고 그 값은 약 1.059463이다. 다음에 이 비율을 적용하여 구한 각 음의 진동수를 실었다(소수 첫째 자리에서 반올림).

우리말	가	나	다	라	마	바	사	가	나…
영어	A	B	C	D	E	F	G	A	B…
이탈리아어	La	Si	Do	Re	Mi	Fa	Sol	La	Si…
진동수(Hz)	440	494	523	587	659	698	784	880	988…

이 결과를 보면 한 옥타브가 올라갈 때마다 진동수가 두 배로 될 뿐, 기타 다른 모든 음 사이의 진동수 비율은 항상 무리수로 나온다. 그렇다면 피타고라스가 들었다는 화음은 어찌 된 것일까? 원칙적으로 말하면 피타고라스가 들었다는 화음이 진짜 화음이다. 그러나 이처럼 유리수 비율을 사용하여 정확한 화음을 만들면 이제는 반대로 평균율을 만들 수가 없다. 결국 우리는 '정확한 화음'과 '평균율' 가운데 하나를 선택해야 한다. 그런데 평균율을 사용하지 않으면 많은 불편이 따른다. 바이올린과 같은 현악기의 경우 현의 길이나 장력(張力, tension)을 조절함으로써 음의 높낮이를 자유롭게 조절할 수 있다. 즉 조옮김을 하는 데에 별다른 어려움이 없다. 그러나 관악기와 건반 악기는 만들 때부터 음이 고정되어 나오므로 평균율을 사용하지 않으면 조옮김이 불가능하다. 조옮김을 하려면 모든 음을 일률적으로 똑같은 비율만큼 올려야 하는데, 그 일을 자동적으로 해결하려면 위 계산에서 보듯이 무리수 비율을 기초로 한 평균율을 취하는 수밖에 없다. 따라서 실용적인 목적상 화음의 부정확성을 다소 감수하면서 평균율을 택하게 되었다. 이러한 평균율을 처음 고안한 사람은 독일의 오르간 연주자이자

음악이론가였던 베르크마이스터(Andreas Werckmeister, 1645~1706)이며, 대략 1700년경에 완성했다. 그 뒤 1722년에 바흐(Johann Sebastian Bach, 1685~1750)가 〈평균율 클라비어곡집〉을 작곡한 이후 본격적으로 보급되어 전세계적인 표준 음률로 자리잡았다.

그렇다면 위에서 말한 화음의 '부정확성'은 얼마나 될까? 앞에서 정확한 화음의 예로 든 2:1, 3:2, 4:3의 비율은 각각 '낮은 도(1)-높은 도(2)' '도(3)-파(4)' '도(2)-솔(3)'에 해당한다(괄호 안의 숫자는 진동수의 비율). 이 가운데 '낮은 도(1)-높은 도(2)'는 별 문제가 없다. 따라서 다른 두 가지의 비율만 비교해보자.

	정확한 화음에서의 비율	평균율에서의 비율
도-파	$\frac{3}{4} = 1.3333\cdots\cdots$	$(\sqrt[12]{2})^5 = 1.3348\cdots\cdots$
도-솔	$\frac{2}{3} = 1.5$	$(\sqrt[12]{2})^7 = 1.4983\cdots\cdots$

이처럼 평균율을 사용하더라도 본래의 정확한 화음과 거의 같은 값이 나오며, 보통 사람의 감각으로는 그 차이를 구별하기가 어렵다. 그러나 완전히 정확한 평균율은 수학적 산물일 뿐 실제 음악에서 그대로 적용하기는 곤란하다고 한다. 이 미세한 차이 때문에 음악의 전체적인 분위기가 달라진다고 하며, 따라서 실제로는 정확한 평균율과 약간씩 어긋나게 조율하여 가장 아름다운 음향이 나오게 한다.

절대공간의 불가능성과 뉴턴

"절대공간은 존재하지 않는다"는 말은 언뜻 매우 어렵게 들린다. 그러나 예상과는 정반대로 알고 보면 너무 쉬운 개념이라서 허탈한 느낌이 들 정도이다. 이를 이해하기 위하여 우선 이 말을 다른 식으로 고치면 "절대적인 기준 좌표계는 없다"라고 표현된다. 그렇다면 이 '기준 좌표계'란 것은 또 무엇일까?

기준 좌표계란 우리가 어떤 속도로 움직인다고 말할 때 그 속도의 기준이 되는 좌표계를 뜻한다. 예를 들어 차를 타고 시속 100km로 달릴 경우 이 100km/h라는 속도는 땅에 대한 속도가 그렇다는 뜻이다. 즉 지구라는 땅덩어리가 정지해 있다고 가정할 경우 그에 대한 상대적인 속도가 100km/h라는 뜻이다. 그러나 지구가 정지해 있다는 가정은 우리 눈에 그렇게 보인다는 것일 뿐 실제로는 지구도 태양 주위를 공전하고 있다. 그것도 107,000km/h라는 엄청나게 빠른 속도로. 이 속도의 기준은 태양이다. 태양이 정지해 있다고 가정하고 그것을 기준으로 측정한 속도가 그렇다는 것이다. 하지만 태양도 움직인다. 태양은 은하계의 중심을 기준으로 약 100만km/h의 속도로 회전하고 있으며, 이런 속도로 은하계를 한 바퀴 공전하는 데에는 2억 5천만 년이 걸린다고 한다. 그런데 은하계의 중심도 정지한 것은 아니다. 우리 은하계는 그 안에 들어 있는 약 천억 개의 별을 이끌고 광대한 우주 공간을 끊임없이 떠돌고 있다. 이런 것은 다른 모든 성운들도 마찬가지다. 따라서 이 우주에는 그 어떤 절대적인 좌표계도 없으며 모든 물체는 오직 서로를 기준으로 한 상대 속도로만 그 운동을 얘기할 수 있을 뿐이다.

이처럼 절대공간이 없다는 사실은 아주 간단하게 깨달을 수 있다. 따라서 물리학 사상 위대한 천재로 꼽히는 뉴턴이 이것을 몰랐을 리가 없다. 그런데도 그는 그의 모든 이론 체계를 "절대공간이 있다"는 전제 위에 구성했다. 과연 왜 그랬을까?

그 이유는 절대공간을 부정한 토대 위에 올바르게 세워져야 할 이론이 절대공간을 부정하는 것만으로는 이뤄질 수 없다는 데에 있었다. '올바른 이론'은 절대공간뿐 아니라 절대시간이라는 개념도 함께 타파해야 비로소 제대로 정립된다. 그런데 뉴턴은 절대시간은 존재한다고 봤다. 즉 시간은 언제 어디서나 한결같은 속도로 흐를 뿐 어디서는 빠르고 어디서는 느리게 흐를 수 없다고 믿었다. 그러다 보니 절대공간이 없음을 알면서도 그 토대 위에 세우지 않을 수 없었다. 뿐만 아니라 종교 및 기타 다른 신비주의적인 요소 때문에 절대공간의 개념을 완전히 뿌리치지 못한 점도 함께 작용했다. 그러나 그로부터 200여 년이 흐른 뒤 아인슈타인은 절대시간도 존재할 수 없음을 증명했다. 그리하여 마침내 시간과 공간이 하나로 통합된 시공간(時空間, space-time)이라는 개념을 중심으로 한 올바른 이론으로서의 특수상대성이론 및 일반상대성이론이 완성되었다.

주사위 놀이를 싫어한 아인슈타인

아인슈타인은 상대성이론으로 가장 유명하지만 정작 노벨 물리학상은 상대성이론이 아니라 광전효과(光電效果, photoelectric effect)의 해명에 대한 공로로 받았다. 1905년에 그는 광전효과를 설명하면서 빛을 에너지의 덩어리인 광량자(光量子, photon, 줄여서 보통 '광자'라고 부른다)라고 했다. 이로써 빛은 파동성과 입자성을 동시에 가진다는 '빛의 이중성'이 처음으로 확립되었다. 그로부터 19년 뒤에 드 브로이(Louis Victor de Broglie, 1892~1987)가 "빛뿐 아니라 모든 물질이 파동성과 입자성을 동시에 가진다"고 확장하여 광량자설은 양자역학의 핵심적인 기초를 이루게 되었다.

이처럼 아인슈타인은 본인이 원했든 원치 않았든 양자역학의 초석을 놓는 데에 아주 중요한 역할을 했다. 그러나 이후 이어지는 양자역학의 발전에는 별다른 기여를 하지 않았으며, 오히려 보어(Niels Bohr, 1885~1962)와의 사이에 평생 계속된 논쟁을 통하여 양자역학의 근거에 대한 여러 가지 의문을 제기했다. 그 가운데서도 아인슈타인이 가장 미심쩍게 생각한 것은 양자역학의 확률론적 본질이었다. 독일의 물리학자 보른(Max Born, 1882~1970)은 "공간상의 한 곳에서 입자를 발견할 확률은 파동함수의 제곱에 비례한다"는 이론을 내세워 노벨 물리학상을 받았다. 여기서 파동함수(wavefunction)는 물질의 이중성에 내포된 파동성을 수학적 함수로 표현한 것이다. 그러나 아인슈타인은 우리가 더 올바른 이론을 찾지 못해서 그럴 뿐 자연의 본질이 확률론적 속성을 가진다는 것은 불합리하다고 생각했다. 그리하여 "신은 주사위 놀이를 하지 않는다"는 경구적 표현을 남기고 더이상 관심을 기울이지 않았다. 그러나 이 말은 그가 신의 이름을 빌려 자신의 마음을 드러낸 것이라고 봄이 타당하다. 오늘날 많은 증거에 따르면 확률론적 성격은 자연의 본질적인 속성인 것으로 보이며, 신은 끊임없이 주사위를 던지면서 무료함을 달래는 것으로 여겨진다.

괴팍한 천재 쇼클리

쇼클리(William Bradford Shockley, 1910~1989)는 미국 최대의 통신회사 AT&T 부설 벨 연구소(Bell Lab)에서 연구하면서 반도체를 결합하여 진공관(vacuum tube)의 기능을 하는 트랜지스터(transistor)를 발명했다.

그는 천재적인 두뇌로 유명했지만 한편으로는 괴팍한 성격으로 악명도 높았다. 트랜지스터의 아이디어 자체는 물론 그 자신이 냈지만, 최초의 성공은 그와 함께 일한 바딘(John Bardeen, 1908~1991)과 브래튼(Walter Houser Brattain, 1902~1987)이 이뤄냈다. 쇼클리는 이 업적에서 소외될 것을 염려한 나머지 4주 동안 식음을 전폐하다시피 연구에 매달려 더 개선된 시제품을 완성했다. 그는 트랜지스터의 특허도 독점하려고 했으나 결국 세 사람이 공유하게 되었다. 그리고 그 공로로 1956년에 노벨 물리학상을 공동 수상했다.

그는 나중에 자신의 회사를 차려 스탠포드 대학이 있는 캘리포니아의 팔로 알토(Palo Alto)로 자리를 옮겼다. 그리고 미국 전역을 돌면서 물색한 천재적인 젊은 과학자들을 채용했다. 그러나 그의 괴팍성은 거기서도 발휘되어 젊은 과학자들을 이모저모로 끊임없이 괴롭혔기에 그들은 오래 버티지 못하고 하나둘 그를 떠났다. 그 가운데 밥 노이스(Bob Noyce, 1927~1990)와 고든 무어(Gordon Moore, 1929~)가 1968년 오늘날 세계 굴지의 반도체 기업이 된 인텔(Intel)을 창립했다. 20세기 후반에 펼쳐진 놀라운 컴퓨터 발전의 역사는 어쩌면 역설적이게도 쇼클리의 비뚤어진 듯하면서도 정열적인 성격 덕분이었는지도 모른다.

  노벨상을 수상한 후에도 그의 기이한 언행은 계속되어, 흑인의 지능이 백인보다 떨어지는 것은 유전적 특성이며, 흑인의 높은 출산율도 진화론적 열등성을 보여주는 것이라는 등 어이없는 주장을 했다. 언젠가 미국에서 노벨상 수상자의 정자를 장기 보존하여 원하는 여성들에게 분양하자는 사업이 추진되었을 때 정자를 제공하겠다고 맨 먼저 나서서 화제가 되기도 했다.

17. '퍼센트 포인트'를 아시나요

 신문이나 텔레비전 뉴스에 가끔씩 '퍼센트 포인트'란 말이 나온다. "퍼센트면 퍼센트지, 퍼센트 포인트는 뭘까?"라는 의문이 떠오른다. 조금 생각해보면 곧 알 수 있을 것 같아서 잠시 생각해본다. 그러나 잡힐 듯 잡힐 듯하면서도 원하는 답은 쉽게 나오지 않는다. 애석하게도 학교의 교과과정에는 퍼센트의 개념만 나온다. 그러니 애꿎은 기억력을 탓할 필요는 없다. 어쨌거나 우선 한마디로 말하자면 퍼센트는 '비율' 또는 '변화율'이다. 그리고 퍼센트 포인트는 '퍼센트로 나타낸 양의 변화량'이다.

 비율 또는 변화율을 나타내려면 '대상'과 '기준'이 필요하다. $\frac{대상}{기준}$을 계산하여 그 값으로 삼는다. 예를 들어 야구의 타자가 9타수에 3안타를 쳤다면 그의 '타율'은 '$\frac{3}{9}=0.333\cdots\cdots$'이다. 다만 퍼센트의 경우 기준을 항상 100으로 잡는다. 100을 영어로는 '헌

드러드hundred'라고 하지만 '센트cent'라는 것도 있다(미국 돈 1달러는 100센트라는 점을 연상하면 쉽다). 그리고 '/'는 영어로 'per'라고 한다. 따라서 '퍼'와 '센트'를 결합하면 '/100'으로서 '100을 기준으로 한 값'이라는 뜻이 된다. 실제로 퍼센트의 기호 '%'는 '/100'을 약간 변형해서 만들었다.

퍼센트 포인트라는 말이 자주 쓰이면서 우리의 일상생활과 관계가 깊은 것으로는 '물가상승률'이 있다. 예를 들어 2001년 말의 물가가 2000년 말보다 5% 올랐다고 하자. 또 2002년 말에는 2001년 말보다 6% 올랐다고 하자. 여기서 5%와 6%가 바로 '물가상승률'이다. 그런데 2002년의 물가상승률은 2001년의 물가상승률보다 수치상으로 1만큼 크다. 바로 이 '1만큼의 차이'를 말할 때 '퍼센트 포인트'를 써서 나타낸다. 즉 "2002년의 물가상승률은 2001년의 물가상승률보다 1퍼센트 포인트 올랐다"라고 말한다. 참고로 '퍼센트 포인트'의 정확한 영어 표현은 '퍼센티지 포인트 percentage point'다. 우리는 편의상 약간 고쳐서 퍼센트 포인트라고 부르고 있다.

한편 '포인트'라는 말도 좀더 살펴볼 필요가 있다. 포인트는 기본적으로는 '점' '점수' '위치'라는 뜻을 갖고 있다. 그러나 지금 이야기하는 내용과 관련해서는 '퍼센트가 아닌 숫자로 나타낸 양의 변화량'을 말할 때 쓰인다. 좋은 예로 '종합주가지수'가 있다. 예를 들어 이 지수가 700에서 800으로 오르면 "종합주가지수가 100 포인트 올랐다"고 말한다. 요컨대 "'변화'와 관련지어 말할 때는

'포인트=변화량'으로 본다"고 새겨두면 된다. 따라서 '%로 나타내진 변화'와 관련지어 말할 때는 해당 변화량에 대하여 당연히 '퍼센트 포인트'란 말을 쓰게 된다.

'변화'라는 관념은 매우 중요하다. 자연과학은 물론 인생 전체, 나아가 그보다 훨씬 넓은 분야에서 생각해보더라도 이보다 더 중요한 관념은 드물다고 할 수 있다. '화학'이란 학문은 말 그대로 풀이하면 '변화에 관한 학문'이다. 그러나 위의 취지에 따라 생각해보면 모든 학문이 다 화학이다. 수학의 전 분야를 통틀어 가장 유용한 도구로 쓰이는 '미분'도 그 본질은 '변화율'이다. 역설적으로 말하면 "만물은 유전한다"는 말만이 '불변'의 진리라고 할 수 있을 정도다. '퍼센트 포인트'의 의미를 생각하면서, 넓은 분야에서 일어나는 여러 가지 변화를 생각해보는 것도 나름대로 뜻있는 일이 될 것이다.

'변화'야말로 불변의 현상

과학은 현상(phenomenon)을 다룬다. 자연과학은 자연, 인문과학은 인간, 사회과학은 사회 현상을 다룬다. 그런데 현상에는 정지 현상과 변화 현상이 있다. 전자를 연구하는 것을 정역학(靜力學) 또는 정태(靜態)(이)론, 후자를 연구하는 것을 동역학(動力學) 또는 동태(動態)(이)론이라고 부른다. 영어로는 전자를 statics, 후자를 kinetics 또는 dynamics라고 한다.

한 예로 물 분자인 H_2O를 보자. 이 분자의 구조에 대한 연구는 정적 측면에 관한 것이다. 수소원자(H)와 산소원자(O)가 얼마나 멀리 떨어져 있는지, 산소를 중심으로 두 개의 수소가 이루는 각은 얼마인지 등을 알고자 한다. 얼음 속에서는 물 분자가 어떤 구조로 쌓여 있는지를 살펴보는 것도 이에 속한다. 한편 물 분자가 운동을 하면서 나타내는 특성에 대한 연구는 동적 측면에 관한 것이다. 산소 원자에 매달린 수소 원자의 진동수는 얼마인지, 물분자 전체로서는 어떤 회전운동을 하는지, 물의 점도(粘度, 액체가 얼마나 끈끈한지를 나타내는 정도)는 얼마나 되는지 등을 알고자 하는 것이 이에 속한다.

또다른 예로는 인구 분포와 인구 이동을 들 수 있다. 현재 전국의 인구가 어디에 얼마나 많이 분포되어 있는지를 조사하는 것이 인구 분포에 대한 연구로서 정적 측면에 관한 것이다. 한편 인구가 어떻게, 얼마나, 어떤 원인 때문에 이동하는가를 보는 것은 동적 측면에 관한 것이다. 각종 선거에 즈음하여 여러 가지 여론조사를 하는 것도 이 두 관점

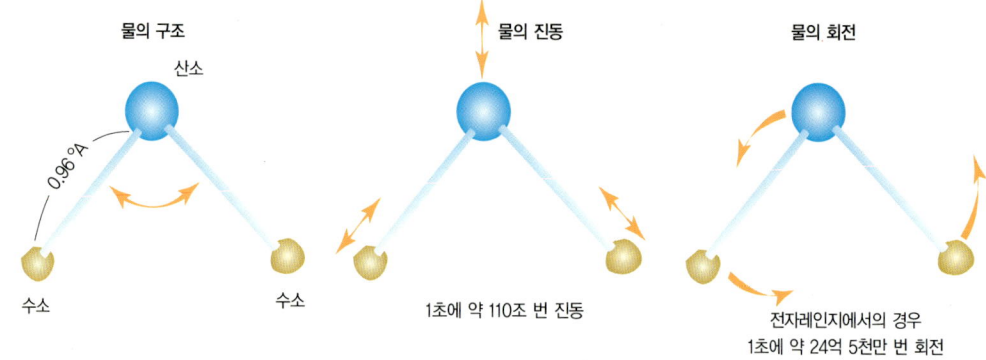

〔그림 42〕 물 분자의 정적 구조와 동적 운동(진동운동과 회전운동). 물은 마이크로파(microwave)를 받으면 회전운동을 한다. 가정에서 사용하는 전자레인지는 바로 물의 회전운동을 이용하는 장치이다. 마이크로파를 받아 맹렬하게 회전하는 물 분자는 주위의 음식 분자와 충돌하여 열을 발생시킨다. 음식은 이렇게 만들어진 열에 의하여 요리된다. 마이크로파는 음식의 내부까지 침투하므로 전자레인지로 요리할 경우 음식의 내부와 외부가 동시에 가열된다. 음식을 담는 그릇은 마이크로파의 입장에서 보자면 유리와 같이 투명하다. 따라서 그릇 자체는 마이크로파가 아니라 음식물의 열에 의해 간접적으로 가열될 뿐이다.

에서 살펴볼 수 있다. 어느 시점에서의 각 후보에 대한 지지도 조사는 정적 측면에 관한 것이다. 그 자료를 토대로 연령별, 직업별, 성별, 지역별 지지도의 분포를 보는 것도 마찬가지다. 그러나 이런 자료에만 만족해서는 안 된다. 지지도는 항상 변할 가능성이 있으므로 여러 시점에 걸쳐서 조사를 하고, 그 변화 추세를 분석해야 한다. 이런 분석은 동적 측면에 관한 것이며, 이를 통하여 장래 계획을 수립해간다.

 이처럼 각각의 과학들이 관련 현상을 크게 두 가지로 나누어보는 것은 그럴 만한 필요성이 있고 또 나름대로 유용하다. 그러나 엄밀히 말하자면 정지 현상은 실제로는 있을 수 없는 가상적인 상태라고 말할 수 있다. 실제로는 끊임없는 운동, 즉 변화 현상만 존재한다. 정지 현상은 그런 변화가 일시적으로 멈췄다고 우리의 머릿속에서 상상하는 모습일 뿐이다. 결국 역설적이게도 변화만이 영원한 불변의 관념이며, 모든 정지 현상은 언제나 동적인 연속 과정과의 연관 속에서 이해해야 한다.

'변화량'과 Δ(델타)

변화라는 관념이 중요하다는 것을 알았으면 이제 그것을 어떻게 수량화할 것인지를 생각해봐야 한다. 자연과학을 그냥 말로만 할 수는 없는 이상 어떻게든 수치적으로 나타낼 방법을 찾아야 하기 때문이다. 여기에는 두 가지 방법이 있다. "변화량=처음값-나중값"으로 하는 것과 반대로 "변화량=나중값-처음값"으로 하는 것이 그것이다. 이 두 가지는 부호만 다를 뿐 본질적으로는 같은 내용이므로 우리의 선택에 달려 있다. 그리고 과학의 모든 분야를 통틀어 지금까지의 관습은 "변화량=나중값-처음값"을 사용하는 것이다.

이러한 선택의 기회가 자연과학에서 가끔씩 나타난다. 그 가운데 가장 대표적인 것으로는 아마도 '전류의 방향'을 꼽을 수 있을 것이다. 이 방향을 "전지의 +극에서 나와 -극으로 들어가는 방향"으로 정했기 때문에 전류를 실제로 전달하는 입자인 전자의 운동 방향과 반대가 되어버렸다. 이렇게 된 이유는 오직 하나, 전기 현상이 그 본체인 전자보다 먼저 발견되었기 때문이다. 만일 전자를 더 일찍 발견했다면 당연히 두 방향을 같이 정했을 텐데, 그것을 모르는 상황에서 정하다보니 운 나쁘게도 서로 반대가 되고 말았다. 하지만 이것은 어디까지나 선택의 문제일 뿐 현상 자체를 거역하는 것은 아니다. 그러므로 모든 사람이 이 합의에 따라 이해하고 응용하는 한 아무런 문제도 없다.

위 변화량에 대한 선택을 식으로 나타내면 "$\Delta x = x_f - x_i$"가 된다. 여기서 x는 물론 우리가 관찰하는 대상을 나타내며, 아래첨자로 쓰인 f는 final(끝의), i는 initial(처음의)에서 따왔다. 남은 것은 델타(Δ)인데, 이것은 '차이'를 나타내는 영어 difference의 첫 글자 d에 해당하는 그리스 문자 델타의 대문자를 취한 것이다(델타의 소문자는 δ). 이 대목에서 "왜 그냥 d로 쓰지 않았나? d가 아니라면 D, D도 아니라면 δ를 써도 될 텐데 왜 하필 Δ를 택했나?"라는 의문이 든다. 그 이유는 d, D, Δ의 세 가지 모두 수학에서 다른 용도로 쓰이고 있기 때문이다.

변화율과 변화량, 퍼센트와 포인트

변화량을 정했으면 다음으로 생각할 것은 변화율이다. 쉽게 예상할 수 있듯이 변화율은 어떤 기준량에 대한 변화량의 비율을 말한다. 일상생활에서 이와 관련되는 대표적인 것으로는 물가상승률, 이자율, 실업률 등이 있다. 그런데 변화의 경향 또는 추세를 나타내는 데에 이처럼 '변화율'을 쓰는 경우가 있는가 하면, '변화량' 자체를 사용하는 경우도 있다. 이른바 '~지수(指數, index)'라고 일컬어지는 것들이 이에 속하며, 그 예로는 종합주가지수, 도매물가지수, 소비자물가지수 등이 있다.

　여기서 변화율 및 비율을 나타내는 주요 방법 가운데 하나가 퍼센트이다. 변화율은 어떤 기준량에 대한 '상대적인 변화량'이라고 말할 수 있다. 이처럼 변화를 상대적으로 보여주므로 변화의 추세를 판단하는 데에 좋다. 그러나 때로는 '절대적인 변화량'이 더 궁금한 경우도 많다. 대표적인 것이 종합주가지수이다. 현재의 종합주가지수가 500대인가 700대인가 또는 1000대인가에 따라서 주식 시장에 대한 전반적인 판단이 큰 영향을 받는다. 우리가 그냥 변화량이라고 하면 절대적인 변화량을 뜻하며, 이를 나타내는 것이 바로 '포인트(point)'이다. 따라서 종합주가지수가 700에서 800으로 오르면 "100포인트 올랐다"라고 표현한다.

　이처럼 포인트는 변화량을 가리키는 데에 쓰이지만 원칙적으로 말하면 '점' '점수' '위치' 등이 더 기본적인 뜻이라고 할 수 있다. '빙점(氷點)'이란 말은 일본의 소설 제목으로도 유명한데, 어쨌든 과학적으로는 액체가 고체로 변하는 온도를 말한다. 그리하여 빙점을 영어로는 freezing point라고 부른다[똑같은 온도이지만 고체가 액체로 변하는 것을 기준으로 볼 때는 융점(融點, melting point)이라고 부른다]. 한편 온도의 경우 포인트는 '온도의 변화량'을 나타내는 데에도 쓰인다. 예를 들어 기온이 "5도 올랐다"는 것을 영어로는 "increased by 5 points"라고 말한다.

　이제 위 두 가지 개념을 결합한 '퍼센트 포인트'를 볼 차례이다. 이미 따로따로 살펴봤으므로 그 각각의 의미를 합치면 이 용어의 의미가 나온다. 즉 '퍼센트 포인트'는 '퍼센트로 나타낸 양의 변화량'이다. 따라서 물가상승률, 이자율, 실업률 등이 4%에서 5%로 증가했다고 치면, "⋯⋯이 1퍼센트 포인트 올랐다"라고 말한다.

지금껏 변화율과 변화량을 살펴봤는데, 이것을 다양하게 결합함으로써 더 많은 개념들이 만들어질 수 있다. 예를 들어 '변화율의 변화율'이란 것도 있으며 '변화량의 변화율'과 '변화량의 변화량'도 있다. 더 나아가 '변화율의 변화율의 변화율' '변화량의 변화량의 변화량' 등등 훨씬 복잡한 것들도 생각해볼 수 있다. 일상생활에서는 이런 것을 볼 기회가 거의 없지만 복잡한 현상을 다룰 때에는 드물게 나타난다.

끝으로 수학의 전 분야를 통틀어 가장 중요한 도구로 쓰이는 미분을 식으로 쓰면 $\lim_{\Delta x \to 0} \frac{\Delta y}{\Delta x}$이고, 말로 하자면 '두 변수의 변화량의 비율의 극한'이라고 표현된다('-의'가 세 번이나 중복되어서 좀 뭣하지만 이해의 편의상 그렇게 썼다). 여기서 '변수의 변화량의 극한'을 '미소변화량(微小變化量)'이라고 부르고 dx, dy 등으로 쓰기로 하자. 그러면 미분은 결국 우리가 잘 아는 $\frac{dy}{dx}$의 형태로 나타내지고, 말로는 '두 변수의 미소변화량의 비율'이라고 이해할 수 있다.

수치의 실상과 허상―올바른 숫자 감각을 갖자

이상의 내용에서 보듯이 변화율이든 변화량이든 기본 의도는 변화를 표현하고자 하는 데서 나온 것이다. 그런데 똑같은 변화를 나타내기는 하지만 변화율보다 변화량을 발표하는 경우가 더 유리한 경우가 있으며, 그 반대인 경우도 있다. 예를 들어 물가상승률이 작년에는 5%였는데 올해는 6%라고 해보자. 그러면 변화량으로 말할 때에는 "물가상승률이 작년보다 '1퍼센트 포인트' 증가했습니다"라고 표현된다. 그러나 변화율로 말한다면 "물가상승률이 작년보다 '20퍼센트' 증가했습니다"로 된다. 이 두번째의 내용은 아래에 따로 나타냈다.

$$\frac{\text{올해의 물가상승률} - \text{작년의 물가상승률}}{\text{작년의 물가상승률}} \times 100 = \frac{(6-5)}{5} \times 100 = 20\%$$

이 두 가지 가운데 어느 것을 사용하든 그 본질적 측면에서는 아무런 차이가 있을 수 없다. 그러나 사람의 심리는 큰 수에 더 민감하게 반응하는 것이 보통이다. 따라서 정부의 물가 억제 노력을 옹호하는 입장에 선다면 변화량, 물가 상승에 대한 소비자의 불만을 대변하는 입장에 선다면 변화율로 발표하는 편이 더 호소력 있게 들린다. 이와 비슷한 경우는 여러 가지 통계 숫자를 인용할 때도 많이 나타난다. 속담에 "아 다르고 어 다르다"는 말이 있듯이, 똑같은 내용이라도 어떤 숫자를 쓰느냐, 어떤 식으로 발표하느냐 등에 따라 사회에 전달되는 충격의 세기가 크게 달라질 수 있다.

또한 각 나라의 통화 환산 비율이 달라서 그렇게 느껴지는 경우를 볼 수 있다. 우리나라 사람이 미국에 가면 갑자기 모든 물가가 싸게 여겨진다. 달러화로 표시된 숫자 자체의 크기가 작기 때문이다. 그래서 처음 한동안은 멋모르고 펑펑 소비하기 쉽다. 그러다 달러화에 대한 허상이 차츰 걷히면 그때부터 비로소 정상적인 소비 패턴으로 돌아온다. 이를 반대로 생각하면 미국인이 우리나라에 올 때는 처음 한동안 소비생활이 크게 위축될 것이다. 그리고 이런 현상은 단기 체류객이 많은 관광 산업에서 특히 두드러질 것이다. 지금까지 이런 현상에 대한 구체적인 데이터를 본 기억은 없다. 하지만 어쨌든 관광 산업에서 우리는 화폐 단위의 숫자가 우리보다 작게 나타나는 주요 선진국에 비하여 심리적 요인 때문에 일단 상당한 손해를 보고 있을 것으로 여겨진다.

  이런 현상을 통틀어 대개 '통계의 실상과 허상' 또는 '수치의 실상과 허상'이라고 말한다. 그 실상을 들여다보면 실질적으로는 아무런 차이가 없지만 자칫 허상에 속아 정반대의 판단을 내릴 수 있다. 이런 일을 방지하려면 평소에 '숫자 감각'을 잘 길러야 한다. 예전에 어떤 금융비리 사건으로 구속되었던 한 은행장은 여러 가지 금전거래 내역을 아주 상세히 기억하고 있어서 수사하던 경찰관이 크게 감탄했다고 한다. 타고난 기억력도 약간은 영향을 주겠지만, 이런 능력의 대부분은 평소의 습관과 훈련에서 나온다고 봄이 옳을 것이다.

18. 한자교육에도 과학이 있다

한글 전용의 물결이 밀려온 지도 어느덧 몇십 년이 흘렀다. 그동안 나름대로 많은 성과를 거두어서, 어딘지 모르게 우리의 언어감각에 거슬리는 한자말은 이제 많이 사라졌다. 그런데 요즘 다시 한자에 대한 관심이 늘고 있다. 한글 이름의 열풍도 사라지고 다시 한자 이름이 많아졌다.

이런 현상은 물리학에 나오는 '감쇠減衰진동'을 연상시킨다. 스프링은 누르면 그 힘에 반발한다. 이 힘을 갑자기 없애면 스프링은 되튄다. 그런데 되튀는 과정에서 본래의 길이를 지나 약간 더 늘어난다. 그러면 스프링은 반대로 잡아당겨져 다시 줄어든다. 이런 식의 늘어나기와 줄어들기는 점점 감쇠된다. 결국 몇 번 반복된 후 평온을 되찾는다. 자동차 바퀴에는 도로의 굴곡에서 오는 충격을 흡수하는 '완충장치'가 붙어 있는데, 스프링만 있으면 위와 같은 출렁임이 너무 오래 지속된다. 따라서 '쇼크 업소버shock absorber'라는 부품을 함께 붙인다. 그러면 대개의 경우 출렁임은 단 한 번만 일어나고 곧바로 평온 상태로 돌아간다. 한마디로 스프링은 도로의 충격을, 쇼크 업소버는 스프링의 출렁임을 줄여준다.

자동차의 승차감은 여러 요소들에 의하여 결정된다. 그 가운데 스프링과 쇼크 업소버의 조화가 가장 중요하다. 한 사회의 안정감도 이와 비슷하다. 인간 사회가 굴러가는 길은 험난하다. 피할 수 없는 크고 작은 충격들이 항상 전해온다. 따라서 문제는 "어찌하면 원만하게 흡수해낼 것인가?" 하는 점으로 모아진다. 애석하게도 우리 사회는 협상 문화에 낯설다. 스프링은 강한데 쇼크 업소버는 약한 형국이다. 그래서 충격을 한번 받으면 오랫동안 출렁인다. 이 과정에서 모두 손해를 보는 경우가 많다. 이제는 성심과 지혜가 필요하다. 마음에는 쇼크 업소버적인 요소를 많이 심고, 머리로는 적절한 세기를 찾아서 적용해야 한다.

한글과 한자 사용의 스펙트럼을 활짝 한번 펼쳐보자. 이 스펙트럼은 대략 '한글 전용–한자 병용–한자 혼용–한글 병용–한자 전용'의 다섯 구역으로 나뉜다. 조선시대에는 맨 오른쪽에 치우쳤다. 그러나 점점 옆으로 옮겨와 마침내 맨 왼쪽까지 정복했다. 그러나 사실 말해서 맨 왼쪽은 최적의 평형점을 조금 지나친 곳으로 여겨진다. 한편 한자교육을 역설하는 사람들도 요즘은 한자 병용보다 더 오른쪽으로 가자고 하지는 않는다. 이로써 미뤄볼 때 최적의 조화점은 한글 전용과 한자 병용의 사이 어딘가에 있는 듯하다. 구체적으로 풀이하면 "기본적으로는 한글만 쓰되, 꼭 필요하면 한자를 괄호 안에 넣어 같이 쓴다"라고 말할 수 있다. 자연과학 분야에서 이러한 한자 병기가 필요한 예로는, 界와 系, 代數와 對數, 否定과 不定, 乳兒와 幼兒, 定常과 正常, 正義와 定義, 偏在와 遍在 등이 있다.

한자교육의 방법론도 문제다. 그 동안 800, 1200, 1500, 1800, 2000자 등 이상하게도 '자수字數'에만 집착했다. 하지만 한자의 총수는 6만에 이르고 그것을 다 아는 사람은 아무도 없다. 그래서 한자공부는 전혀 하지 않으면 몰라도 일단 하는 이상 평생 공부가 된다. 따라서 그 교육도 과학적으로 접근해야 한다. 한글의 제자 원리가 가장 과학적이라지만 한자에도 그런 면이 많다. 자수에 얽매일 게 아니라 원리를 익혀야 한다. 그리하여 필요할 때는 언제라도 혼자 찾고 쓸 수 있는 능력을 키우는 데에 목표를 둬야 한다. 독일의 문호 괴테는 "외국어를 알아야 모국어를 안다"고 갈파했다. 언어 교육도 다른 모든 교육처럼 테두리를 짓지 않고 열어주는 교육으로 나아가야 한다.

승차감 대 주행안정성

자동차가 등장하기 이전의 시대를 다룬 영화를 보면 마차가 나온다. 온갖 장식으로 치장한 마차를 멋진 말이 끌고 가는 것을 보면 낭만적인 분위기가 절로 솟아나온다. 게다가 그런 정도의 마차를 가진 사람은 대개 귀족이었으므로 그런 분위기는 더욱 고조된다. 하지만 조금만 깊이 생각해보면 이런 낭만은 어디까지나 영화 속의 이야기일 뿐 현실적으로는 전혀 딴판이었을 것이라는 점을 쉽게 깨달을 수 있다.

옛날의 도로는 오늘날처럼 매끈하게 포장되지 않았다. 마차의 바퀴 또한 딱딱한 나무와 쇠로 만들어져 있었으므로 도로의 충격을 흡수할 방법이 없었다. 바퀴축과 마차의 몸체 사이에 원시적인 형태의 충격완화장치를 덧붙이기는 했지만 현대의 자동차에서 보는 것과 같은 정교한 장치와는 비교가 되지 않았다. 그런 상황에서 그나마 조금이라도 안락하게 여행하려면 아주 천천히 다닐 수밖에 없었다.

자동차를 운전하면서 겪을 수 있는 여러 가지 상황에서 오는 충격을 원만하게 흡수함으로써 승차감을 높이는 일에 관계되는 요소는 의외로 많다. 이 점을 이해하기 위하여 우선 충격의 종류를 알아보자. 언뜻 생각하기로는 도로의 굴곡에서 전해오는 위아래로의 진동이 가장 먼저 떠오른다. 그러나 우리가 사는 공간은 3차원이므로 고려해야 할 진동도 다양하게 나타난다. 이것들을 좀더 구체적으로 살펴보면, 차가 막 출발할 때 앞부분은 뜨고 뒷부분은 가라앉는 스쿼트(squat), 반대로 정지할 때 뒷부분은 뜨고 앞부분은 가라앉는 노우즈 다운(nose down), 커브 길을 돌 때 차체가 왼쪽 또는 오른쪽으로 쏠리는 롤링(rolling), 마치 과속 방지턱을 연속적으로 여러 개 배치해둔 것처럼 완만하면서도 상당히 큰 여러 개의 굴곡 때문에 차의 앞뒤가 서로 번갈아 올라갔다 내려왔다 하는 피칭(pitching), 그리고 가장 흔히 일어나는 것으로서 도로상의 작고 불규칙한 굴곡 때문에 일어나는 바운싱(bouncing) 등이 있다.

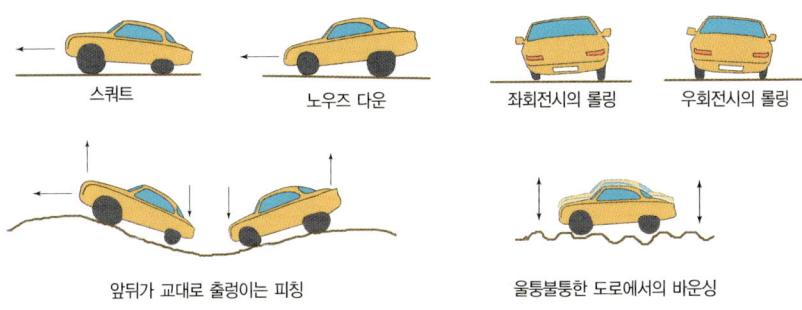

[그림 43] 자동차가 겪게 되는 여러 가지 진동들

이런 여러 가지 충격과 진동을 완화하면서 차의 승차감을 우선적으로 내세운다면 주로 '부드럽게' 흡수하는 방법을 찾게 된다. 이를 위해서는 차를 떠받치는 스프링의 세기가 비교적 약한 것을 쓰면 좋다. 그러나 차의 운행에서 승차감 못지 않게 중요한 것이 '주행안정성(走行安定性)'이다. 그런데 애석하게도 이 두 요소는 서로 약간 상반되는 경향을 띤다. 예를 들어 커브를 돌 경우 주행안정성을 더 앞세운다면 스프링의 세기가 강한 것을 써야 한다. 그러면 차의 반응은 딱딱해지고 운전자가 느끼는 승차감은 떨어진다. 어쨌든 커브길에서는 승차감보다 주행안정성이 더 중요하므로 스프링의 세기를 강하게 할 필요가 있다. 반면에 곧게 뻗은 고속도로처럼 직선 구간이 많은 곳에서는 주행안정성이 크게 위협받지 않는다. 따라서 이때는 승차감이 좋아지도록 스프링의 세기를 약하게 조정한다.

 스프링의 세기를 상황에 따라 적절히 조정하는 것은 어떻게 이루어질까? 거기에는 여러 가지 장치들이 동원되고 방식도 다양하다. 상황에 따라 그런 효과가 자동적으로 발생하도록 되어 있다. 그런데 어떤 방식에서나 스프링과 쇼크 업소버는 필수적이다. 스프링은 가운데 부분이 텅 빈 나선 형태로 만들 수 있고, 쇼크 업소버는 주사기를 크게 만든 것과 같은 막대 모양을 하고 있다. 말하자면 이 두 부품은 궁합이 잘

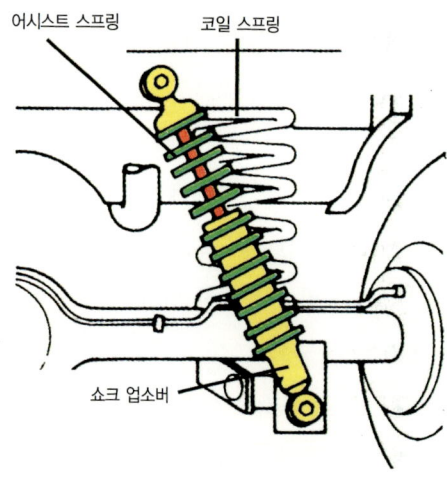

[그림 44] 한 개의 부품처럼 일체화시켜 바퀴와 차체 사이에 설치한 스프링과 쇼크 업소버의 모습

맞는다. 〔그림 44〕에서 보듯이 두 부품을 한 세트로 만들어 바퀴와 차체 사이에 배치시킨다.

한편 아래의 그래프는 스프링에 쇼크 업소버를 부착하지 않았을 때와 했을 때의 차이를 보여준다. 쇼크 업소버가 없으면 차체의 출렁임이 오랫동안 지속된다. 그러나 스프링의 세기와 적절한 조화를 이루는 쇼크 업소버를 부착하면 출렁임을 자연스럽게 완화시킬 수 있다. 앞의 '신념과 편견은 종잇장 차이'에서 피아노 음정의 실제적인 조율을 이론적인 계산값과 약간 다르게 한다고 했다. 스프링과 쇼크 업소버의 경우도 그와 비슷하다. 수학적인 계산을 통하여 '이상적인 세기'는 얻어낼 수 있다. 그러나 이렇게 해서 얻은 값은 '인간적인 세기'와는 다소 차이가 있다. 결국 인간적으로 가장 안락하다고 느껴지는 세기를 얻기 위해서는 직접 실험을 하면서 여러 번의 시행착오를 거쳐야 한다.

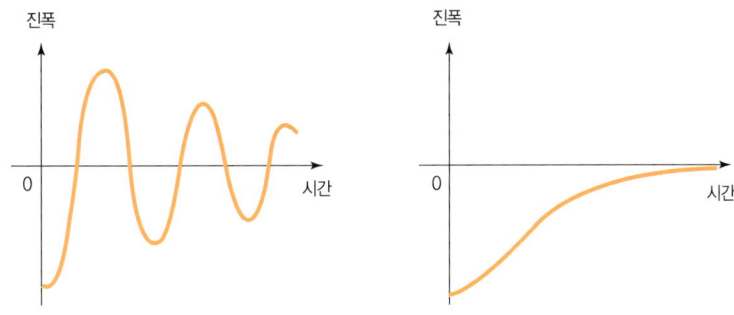

〔그림 45〕 스프링만 부착된 차체(왼쪽)와 쇼크 업소버를 함께 부착한 차체의 진동 모습

열린 언어교육

유럽에는 현재 40여 개의 나라가 있으며, 언어의 종류는 70여 가지나 된다. 아마 하나의 지역 단위로서 이와 규모가 비슷한 곳을 찾는다면 중국과 인도 정도가 있을 것이다. 그러나 중국과 인도는 비록 방언의 종류가 많다고는 해도 기본적으로 하나의 나라를 이루고 있다. 또한 중심이 되는 언어들만 보자면 그다지 다양하지도 않다. 반면 유럽은 하나의 나라를 이룬 적이 없다. 역사상 가장 강대한 나라였던 로마 제국의 최고 전성기 때도 그랬다. 따라서 언어의 통일을 이룰 기회가 없었고, 민족들간의 통합도 드물었으며, 결국 세계 역사상 가장 복잡한 교류와 분쟁의 장(場)이 되었다. 이런 환경이었으니 여러 언어들이 서로 많은 영향을 주고받았을 것은 분명하다. 당연히 어느 하나의 언어가 완전히 순수한 형태로 보존되어 내려오는 일은 아예 불가능했을 것이다.

독일의 문호 괴테는 영국이 인도와도 바꾸지 않는다고 할 정도로 위대하게 여기는 셰익스피어에 비견될 정도의 인물이다. 그는 수많은 작품을 썼을 뿐 아니라 유럽 각국을 여행했고, 때마침 대서양 건너편에서 신흥 강국으로 떠오르고 있던 미국의 문학에도 많은 관심을 가졌다. 그런 경험을 토대로 그는 만년에 이른바 '세계문학 운동'을 제창하고 그 실천에 노력했다. 이것은 이를테면 '문학에서의 코스모폴리터니즘(cosmopolitanism)'이라고 말할 수 있다. 따라서 그가 "외국어를 알아야 모국어를 안다" 또는 "외국어를 아는 것은 곧 모국어를 아는 것이다"라고 말한 것은 추상적인 사변이 아니라 자신이 절실히 경험했던 사실을 그대로 드러낸 것이라고 볼 수 있다.

이와 같은 유럽 언어들의 다양한 교류에 비하여 고래(古來)로 우리말은 중국의 한자와 많은 교류를 했을 뿐 다른 영향력은 그다지 많이 받지 않았다. 특히 훈민정음이 나오기 전까지 우리말은 '글자 없는 언어'였으므로 한자로부터 수많은 어휘를 차용할 수밖에 없었다. 이런 추세는 훈민정음이 나온 후에도 근세 말기까지 계속되었다. 근세 이후에는 영어와 일본어가 많은 영향을 주기 시작했다. 이 가운데 영어는 갈수록 그 기세가 높아져서 오늘날 우리말뿐 아니라 다른 수많은 언어들도 위협하고 있다.

그러나 외부의 위협이 아무리 강한 언어라 해도 무작정 폐쇄적인 방향을 고집하기는 어렵다. 지금까지의 역사에서 보면 알 수 있듯이 언어뿐 아니라 다른 모든 분야에서 다 그랬다. 조선 말기의 쇄국정책, 구소련과 중국과 동독이 각각 구축했던 '철의 장막' '죽(竹)의 장막' '베를린 장벽' 등은 한결같이 실패로 돌아갔다. 오늘날 우리나라는 세계 유일의 분단 국가이다. 그런데 그 허리를 가로지르는 휴전선도 2002년 들어 일부나마 허물어지기 시작하고 있다. 이런저런 사정에 떠밀려 지구 최후의 폐쇄 국가라고 불리는 북한마저도 결국 거센 개방의 물결에 조심스런 발걸음을 내딛고 있다.

이런 모든 점들을 고려할 때 앞으로 우리의 언어교육도 기본적으로는 열린 방향으로 나아가야 한다. 영어는 물론이고, 중국과의 교류를 위하여 한자교육도 소홀히 해서는 안 된다. 다만 무차별적인 개방이 아니라 현명한 개방을 해야 한다. "말은 좋지만 과연 그게 정말로 가능할까?"라는 의문이 들 수도 있다. 그러나 최근의 전반적인 흐름을 볼 때 우리말과 외래어의 조화가 적절한 평형점을 찾아가고 있는 것으로 여겨진다. 그 평형점은 외부 세계와 조화를 이루는 가운데 우리말의 본원성을 지키고 확대해나가는 출발점이 된다. 그곳을 발판 삼아 앞으로도 꾸준한 노력을 이어가야 할 것이다.

한자 병기의 필요성

책을 읽으면서 한자 병기의 필요성을 느끼는 경우가 참 많다. 기본적으로는 한글 전용에 찬성하지만 꼭 필요한 경우에는 해당 용어가 처음 나오는 곳, 그리고 중간에라도 특히 주의를 환기시킬 필요가 있는 곳 등에 병기를 해야 한다고 본다. 그런 예들을 모두 수집하면 상당히 많지만 여기서는 자연과학 분야와 관련되는 것 가운데 우선 떠오르는 것을 모아봤다.

• 계 : 界와 系

영어로는 각각 system과 frame이라고 한다. 界는 어떤 유기적인 연결 조직체를 말한다. 생태계, 자연계, 태양계, 정치계, 문화계 등등 그 예는 매우 많다. 한편 系는 수학에서의 좌표계, 물리학에서의 관성계, 등속운동계, 가속운동계 등에 쓰인다. 요즘은 frame을 '틀'로 옮기기도 하지만 아직 널리 쓰이지는 않고 있다.

- 대수 : 代數와 對數

　영어로는 각각 algebra와 logarithm이라고 한다. 代數는 숫자를 문자로 대치하여 수식을 쓰는 것을 말한다. 원의 넓이(S)를 "$S=\pi r^2$"로 쓰는 것이 그 예이다. 對數는 우리가 흔히 '로그(함수)'라고 부르는 것을 말한다. 대개의 경우 '대수'라고 말하면 algebra를 가리키며, logarithm은 주로 '로그'라고 말한다. 따라서 일상적으로는 별로 혼동되지 않는다. 다만 수학 서적에서는 '대수'라는 말로 위 두 가지를 모두 가리키는 경우가 많으므로 앞뒤 문맥을 통하여 구별해야 한다.

- 부정 : 否定과 不定

　영어로는 각각 negation과 indefinite라고 한다. 부정에는 이밖에도 不正, 不貞, 不淨 등도 있다. 수학에 나오는 indefinite로서의 부정을 학생들이 negation으로서의 부정으로 혼동하는 경우가 가장 많다.

- 유아 : 乳兒와 幼兒

　乳兒는 젖먹이 아기를 말하며(대체로 생후 1년에서 1년 반까지), 幼兒는 젖을 뗀 후부터 초등학교 입학 전의 어린이를 말한다.

- 정상 : 定常과 正常

　定常은 영어로 stationary 또는 steady, 正常은 normal이라고 한다. 定

常은 모양이나 상태가 변하지 않고 일정하게 유지된다는 것을 가리키며 '정상파(stationary wave 또는 standing wave)' '정상상태(stationary state)' '정상우주론(steady-state theory of universe)' 등에 나온다. 正常은 '정상분포(normal distribution)'에 쓰인다. 그런데 "'1'의 의미를 되새기며"에서 썼듯이 정상분포라는 말은 '단위분포'로 이해함이 타당하다.

● 정의 : 正義와 定義

영어로는 각각 justice와 definition이라고 한다. 자연과학에서는 사용하는 용어의 뜻을 명확히 정하는 것이 매우 중요하다(물론 다른 분야에서도 분명 중요하다. 다만 자연과학에서는 좀더 엄격하다는 뜻이다). 定義라 함은 "어떤 개념이나 용어의 뜻을 명확히 정하는 것"인데, 이것을 正義와 혼동하여 '올바른 뜻'으로 여기는 경우가 많다.

● 편재 : 偏在와 遍在

영어로는 각각 localization와 delocalization라고 한다. 偏在는 어느 좁은 지역에만 존재한다는 뜻임에 비하여, 遍在는 모든 곳에 두루 존재한다는 뜻이므로 서로 정반대이다. 앞에서 든 용어들은 그 뜻들이 '조금 또는 상당히' 다를 뿐이다. 그러나 이 두 용어의 뜻은 서로 정반대라는 점에 특히 유의해야 한다.

과학적인 한자교육

　세계적으로 한글만큼 과학적이고 체계적인 글자는 다시 없다고 할 것이다. 그러나 어떤 언어든 인간의 작품인 이상 완전히 제멋대로 된 것은 있을 수 없다. 한자의 경우 그 복잡함 때문에 처음 공부에 들어설 때는 누구나 기가 꺾인다. 그러나 배우다 보면 의외로 매우 체계적이라는 점에 다시 놀라게 된다.

　한글의 기본 자모는 24개이다. 한자에서 한글의 자모에 해당하는 것은 부수(部首)인데, 대략 그 개수를 214개에서 235개 정도로 본다. 한글을 익힐 때 자모부터 익히듯 한자를 배울 때 부수를 필수적으로 익혀야 한다. 다만 처음부터 모두 완벽하게 암기할 필요는 없고 간단한 글자를 배워가면서 차근차근 병행하면 된다. 그러다 보면 한자의 제자 원리가 자연스럽게 이해되며, 차츰 혼자서 찾고 써 나갈 수 있게 된다.

　그런데 여기서 한 가지 강조하고자 하는 것은 한자를 처음 배울 때 '손으로 쓰기(handwriting)'도 체계적으로 배우기를 권한다는 점이다. 요즈음 한글 세대들은 워낙 컴퓨터에 익숙한 탓인지 글씨 쓰는 일을 소홀히 하는 경우가 많다. 그래도 한글의 경우에는 다행이다. 컴퓨터로 쓰더라도 어차피 손으로 쓰는 것과 같은 순서로 써야 하므로 간접적으로나마 handwriting을 하게 되기 때문이다. 그런데 한자의 입력은 한자를 직접 쓰는 것과는 아무 관련이 없다. 따라서 handwriting을 소홀히 하다가는 한자 공부의 경우 그냥 읽기 공부로만 끝나기가 쉽다.

물론 읽기 공부만으로도 한자가 잘 익혀진다면 별 문제가 없다고 할 수 있다. 하지만 한자나 영어 단어를 암기할 때 handwriting을 함께 하면 훨씬 효율적이다. 한자의 경우 모양이 복잡해서 언뜻 쓰기도 복잡할 것으로 생각한다. 그러나 실제로 해보면 의외로 단순하다. 한자의 서체 가운데 행서(行書, 반흘림체)와 초서(草書, 흘림체)는 일상생활에서 많이 쓰이지 않는다. 한편 한글의 경우 똑같은 자모라도 위치에 따라 그 모양이 달라진다. 따라서 한자 서체 중 일상생활에서 주로 쓰이는 정자체(正字體)인 해서(楷書)만 두고 본다면 한글보다 반드시 더 복잡하다고 볼 수도 없다. 해서 쓰기의 기본은 흔히 말하는 '영자팔법(永字八法)'에 들어 있다. 관련되는 8가지 획을 익히면 대부분의 한자는 잘 쓸 수 있다. 여기에 (민)책받침, 母, 女 등 모양을 잡기 어려운 몇 가지만 보충하면 나머지도 모두 해결된다. 실제로 이와 같은 기본적인 handwriting을 한번 잘 익혀두면 처음 보는 한자라도 머릿속으로 따라 쓰면서 구조를 파악하고 암기하는 데에 큰 도움이 된다.

　한편 컴퓨터가 발달함에 따라 한자교육은 더욱 좋은 기회를 맞게 되었다. 불과 10여 년 전까지만 하더라도 한자를 공부하려면 자전(字典)과 국어사전을 함께 참조해야 하는 등 상당히 번거로웠다. 그러나 이제는 컴퓨터 덕택으로 예전에 비하면 아주 편하게 익힐 수 있다. 이 점은 영어 공부에서도 마찬가지다. 특히 멀티미디어(multimedia) 기능이 확장됨에 따라 시청각적 측면까지 포괄하는 입체적인 학습이 가능해졌다. 오늘날 우리는 갈수록 좁아지는 지구촌, 그래서 갈수록 긴밀하게 얽혀가는 세계화의 시대에 살고 있다. 그리고 이 대세는 누구도 거스를 수 없는 물결로서 도도히 흐르고 있다. 이런 추세에 발맞추어 올바른 언어관을 토대로 문명의 이기(利器)를 잘 활용하면서 더욱 풍성한 언어 생활을 이끌어가도록 해야 할 것이다.

19. 디지털과 아날로그

　일상적으로 많이 쓰지만 정확한 의미가 모호한 용어들이 가끔씩 눈에 띈다. 디지털과 아날로그도 한 예다. 흔히 디지털은 숫자판, 아날로그는 계기판에 표시되는 것이라고 구별한다. 또는 계기판을 쓰더라도 똑똑 끊어지는 방식으로 표시되면 디지털이라고 한다. 바늘로 표시되는 전자시계가 이에 속한다. 이에 따라 보통 "아날로그는 연속적, 디지털은 불연속적 또는 단속적斷續的"이라고 이해한다. 이 구별이 잘못된 것은 아니다. 다만 본질적인 차이점은 따로 있다.

　아날로그analog는 "수를 간접적으로 다루는 방식"이다. analog는 '닮음' '비유'라는 뜻의 그리스어 analogia에서 나왔다. 곧 아날로그는 '수 다루기의 흉내내기'라는 뜻이다. 아날로그식 도구의 대표적인 예는 '계산자'다. 지금은 '휴대용 계산기'에 밀려서 볼 수 없다. 하지만 20여 년 전만 해도 이공 계통 종사자들이 오늘날 계산기를 쓰듯이 애용했다. 계산자에는 여러 가지 눈금이 매겨져 있다. 이 눈금이 숫자의 역할을 한다. "2+3=5"라는 계산을 할 경우 눈금을 이용하여 '간접적으로' 결과를 얻는다. 여기에 실제의 계산 행위는 없다. 계산을 흉내내는 '눈금 맞추기'와 '눈금 읽기'만 있을 뿐이다. 디지털digital은 "수를 직접 다루는 방식"이다(digit은 '숫자'를 뜻한다). 디지털식 기계의 대표적인 예는 컴퓨터다. "2+3=5"라는 계산을 할 때 컴퓨터는 중앙처리장치에서 '2'라는 수와 '3'이라는 수를 '직접' 더한다. 눈금과 같은 중간 매체는 없다. 답을 내놓을 때에도 '5'라는 수를 '직접' 보여준다.

두 방식을 합친 장치도 많다. 가게에서 보는 '숫자로 표시되는 저울'이 그 예다. 그것을 보통 '디지털 저울'이라고 부른다. 그러나 여기서 디지털은 '숫자판'에 대한 얘기일 뿐이다. 저울 안에는 스프링과 압력 센서 등의 기계 부품이 들어 있다. 물건을 올리면 스프링이 눌린다. 그 눌림을 센서가 감지하여 전기 신호를 낸다. 여기까지는 순수한 물리적 현상으로서 아날로그적 과정이다. 이 신호를 디지털로 바꿔 숫자판에 나타내는 과정은 디지털이다. 위에 나온 '바늘로 표시되는 전자시계'도 혼합 장치의 한 예다. 내부의 작동 방식은 디지털이지만 시간의 표시는 바늘을 이용하여 '문자판' 위에 표현한다. 그래서 이런 시계를 '아날로그 쿼츠 시계'라고 부르기도 한다(쿼츠quartz는 전자시계의 핵심 부품인 수정진동자에 쓰이는 수정을 말한다). 디지털 저울은 아날로그를 디지털로, 아날로그 쿼츠 시계는 디지털을 아날로그로 바꿔서 보여준다는 점이 대조적이다.

아날로그의 연속성과 디지털의 단속성은 각각의 본질에서 나오는 2차적 특성이다. $\frac{1}{3}$, 즉 0.333……이라는 수를 보자. 계산자나 재래식 저울의 눈금 위에는 이 수가 분명히 있다. 얼마나 정밀하게 읽을 것인지는 그 다음의 문제다. 실제로는 모든 수가 다 있다. 따라서 연속적이다. 그러나 컴퓨터에는 $\frac{1}{3}$과 비슷한 수만 있을 뿐 정확히 $\frac{1}{3}$이라는 수는 없다. 수 자체를 다룬다는 본질상 '디지털에서의 수'는 '자릿수법으로 나타낸 수'일 수밖에 없다. 예를 들어 $\frac{1}{3}$은 0.333……, $\sqrt{3}$은 1.732……로 써야 한다. 그러나 연산 및 표시 장치의 한계 때문에 어디선가 반드시 끊어야 한다. 그래서 디지털의 수들은 단속적으로 존재한다.

디지털과 이진법도 구별해야 한다. 이 혼란은 디지털 기계의 간판 격인 컴퓨터가 'ON/OFF'로 상징되는 이진법을 쓰기 때문에 나타날 뿐 직접적인 연관성은 없다. 실제로 최초의 전자식 디지털 컴퓨터인 에니악은 십진법을 사용했다(바로 다음의 컴퓨터부터 이진법을 채용했다). 디지털을 만능시해서도 안 된다. 디지털에 장점이 많기는 하지만 아날로그가 필수적인 경우도 많다. 한마디로 "디지털은 계산이고 아날로그는 측정이다". 장점에 따라 적절히 사용할 뿐 본질적인 우열은 없다.

계산자slide rule에 대해서는 '불로불사, 그 허망한 꿈'에서 다룬 적이 있으므로 그곳을 참조하기 바란다.

최초의 디지털은 필산(筆算)

위에서 디지털식 기계의 대표적인 예로 컴퓨터를 들었다. 그런데 이것은 어디까지나 '기계'로서의 예이다. 기계를 떠나서 보자면 우리가 보통 행하는 필산이 바로 디지털 방식에 의한 최초의 계산법이다. 예를 들어 아주 어린 시절로 돌아가 "2+3=?"이라는 문제를 처음 푼다고 생각해보자. 너무 까마득해서 기억도 제대로 나지 않는다면 주변의 꼬마에게 시켜봐도 된다. 그때 우리는 계산자가 아니라 '손가락'을 사용했다. 그런데 손가락을 영어로 디짓(digit)이라고 한다(핑거finger라는 단어도 있기는 하지만). 숫자를 가리켜 디짓이라고 부르는 것은 여기에서 유래했다. 이처럼 손가락은 아득한 옛날부터 숫자의 직접적인 상징으로 쓰였다.

이렇게 하여 디지털 계산이 시작되었는데, 손가락이나 발가락으로는 자연수의 계산밖에 하지 못한다. 그래서 이를 좀더 확장하여 이른바 '자릿수법〔place(positional) value system〕'으로 나타낸 숫자를 가리켜 일반적으로 디지털이라고 부른다. 예를 들어 $\frac{1}{3}$은 분수로서의 수일 뿐 자릿수법으로 나타낸 수는 아니다. $\sqrt{3}$과 같은 무리수도 마찬가지다. 분수나 무리수가 들어가는 계산도 넓은 의미로는 필산의 범위에 넣을 수 있다. 그러나 어쨌든 일상생활에서 최종적으로 사용할 수 있는 수치를 얻으려면 결국 자릿수법으로 표시된 숫자로 바꿔야 한다. 그러다 보면 어느 자리에선가 끊어야 한다. 이 때문에 디지털에서의 숫자는 '10 나누기 5'처럼 똑떨어지는 수가 아닌 한 필연적으로 일정한 오차를 갖게 된다.

이러한 필산을 비교적 자유롭게 하게 된 것은 의외로 얼마 되지 않았다. 앞서 '불로불사, 그 허망한 꿈'에서도 말한 적이 있듯이 아라비아숫자가 아닌 경우에는 필산을 하기가 너무나 어려웠다. 그리하여 중세에 들어서야 비로소 보편화되었다. 그러나 이렇게 자유로워졌다고 해도 계산은 역시 지겨운 일이다. 다루는 수가 커짐에 따라, 해야 할 계산이 많아짐에 따라 점점 더 힘들어진다. 그리하여 계산하는 일을 도울 '도구' 또는 '기계'를 구상하게 되었고, 이로부터 주판, 계산자, 계산기 등이 출현했다

이 가운데 계산자는 아날로그적 도구이고, 주판은 디지털적 도구이다. 예를 들어 $\frac{1}{3}$을 나타낼 때 계산자는 눈금을 이용하여 $\frac{1}{3}$에 맞추면 된다. 그러나 주판을 사용할 때는 반드시 1.333……으로 놓아야 한다. 어쨌든 이 두 가지는 '도구'일 뿐 '기계'는 아니었다. 이후 기술이 더욱 발전함에 따라 계산 과정을 스스로 수행하는 기계가 나왔다. 그리고 결국 20세기에 들어 현대 문명의 총아인 컴퓨터의 발명으로 이어졌다.

도처에 널려 있는 아날로그 현상들

이상에서 보았듯이 계산의 본질은 디지털이다. 또는 반대로 디지털의 본질은 계산이다. 그러면 아날로그는 어디에 있을까? 아날로그적

현상은 우리 주변의 자연계에서 매우 많이 찾아볼 수 있다. 위에서 말했듯이 계산자는 아날로그적 도구이다. 그 위에는 $\frac{1}{3}$이나 $\sqrt{3}$ 등이 분명히 존재한다. 우리가 종이에 원과 그 지름을 그리면 거기에도 아날로그가 숨어 있다. 원과 지름의 비율인 원주율(π)도 무리수이기 때문이다.

앞서 '비빔밥도 벡터, 사람도 벡터'에서 앞으로 우리 음식을 표준화하는 일에 노력해야 한다고 말했다. 그러면서 표준화의 개념을 벡터에 비유했다. 그런데 사실 이 개념은 디지털과 관련되기도 한다. 뭐라고 딱 꼬집을 수 없는 그 미묘한 손맛을 "소금 얼마, 고추장 얼마, 참기름 얼마······"와 같이 수치화해야 하기 때문이다. 나아가 이 수치화도 $\frac{1}{3}$이나 $\sqrt{3}$ 등이 아니라 자릿수법으로 나타낸 숫자로 해야 한다. 그래야 각종 계량기로 무게나 부피를 잴 수 있다. 물론 이런 수치화 작업, 즉 디지털로 나타내는 표준화 작업은 쉬운 일이 아니다. 그리고 사실 정확히 말하자면 이 문제는 꼭 우리 음식에만 국한된 문제도 아니다. 세계 각국의 고유 음식들이 모두 직면하고 있는 문제라고 말할 수 있다. 그리하여 어떤 사람은 "아무리 컴퓨터가 발전한다 하더라도 요리는 컴퓨터가 해결할 수 없는 몇 안 되는 분야로 남을 것이다"라고 말하기도 했다. 다시 말해서 요리의 본질은 아날로그라는 뜻이다.

그러나 요리와 비교되는 분야는 의외로 많다. 이른바 '민속 공예'라고 부르는 수많은 전통 기술이 모두 그렇다. 이런 점에서 볼 때 "요리는 컴퓨터가 해결할 수 없는 몇 안 되는 분야"라는 말은 '요리의 디지털화'가 어렵다는 점을 강조한 점에서는 옳지만 그런 분야가 별로 없다고 본 점에서는 틀렸다. 이런 분야에 대한 구체적인 예들은 누구나 쉽게 생각해볼 수 있을 것이므로 이만 줄이기로 한다.

아날로그 현상이 지배하는 또하나의 중요한 영역은 바로 예술이다.

음악의 경우 근래 디지털 기술로 제작한 CD(Compact Disk)가 종래의 LP(Long Playing)판을 거의 완전히 대치했다. 하지만 아직도 어떤 사람들은 예전의 LP판을 고집스럽게 찾는다. LP판으로 듣는 음악은 아날로그 형태의 음악이다. 그런 음악에는 CD에 담긴 디지털 형태의 음악에서 느낄 수 없는 미묘한 감정이 담겨 있다고 한다. 그러나 음악의 아날로그적 본질은 LP나 CD와 같은 매체에 담기기 이전의 단계, 즉 연주의 단계에서 진짜로 드러난다. 음악 연주를 사람이 아닌 로봇이 한다면 어떨까? 실제로 그런 로봇이 있다. 바이올린 같은 현악기는 곤란하지만 피아노 같은 건반악기를 연주하는 로봇은 비교적 쉽게 만들 수 있다. 그런 로봇에 연주 프로그램을 입력해주면 그대로 실행하면서 연주한다. 과연 그런 음악도 진짜 음악이라고 할 수 있을까? 또한 그런 음악을 감상하는 것이 진정한 의미에서의 감상이라고 할 수 있을까?

음악의 아날로그적 본질은 악기 제조에서도 나타난다. 잘 알다시피 악기에는 이른바 '명기(名器)'라는 것이 있다. 세계적인 거장들, 나아가 수백 년 전의 거장들이 만든 명기의 특징들을 수치화 또는 디지털화한다는 발상은 그 자체로 불경스러운 일로 받아들여질 것이다.

이런 예는 미술에서도 마찬가지다. 미술가들의 창작 활동을 어떻게 수치화한단 말인가? 예를 들어 싸구려 공예품, 모조품 등은 그 특징들을 모두 수치화하면 공장의 기계를 이용하여 대량 생산해낼 수 있다.

그러나 이 과정은 단순한 '생산'일 뿐 고도의 예술혼이 담긴 '창작'이 아니다. 한편으로 최근에는 거장들의 그림을 정밀하게 디지털화하여 영구 보존할 예정이라고 한다. 하지만 이것도 어디까지나 보조 수단일 뿐이다. 원작에 숨어 있는 모든 특징들을 하나도 빠짐없이 디지털화한다는 것은 본질적으로 불가능하다.

이처럼 세상에는 아날로그적인 현상들이 무수히 많다. 따라서 근래 컴퓨터 기술의 발전에 따라 많은 분야가 디지털화됨으로써 생활이 편리해지고 윤택해졌다고 해서 디지털을 만능시할 수는 없다. 디지털과 아날로그는 세계의 구성 방식이자 우리가 세상을 다루는 방식이다. 거기에 본질적인 우열은 있을 수 없다. 우리 고유 음식의 전통을 한편으로는 보존하면서도 다른 한편으로는 표준화해야 하듯, 주어진 상황에 따라 적절하게 분석하고 운용해가면 된다.

아날로그-디지털 변환과 디지털-아날로그 변환

예전에는 대부분의 생활이 아날로그적으로 이루어졌다. 간단히 말하자면 시각·청각·미각·후각·촉각이라는 우리의 오감으로 전해지는 모든 신호가 아날로그였다. 그러나 현대에 들어 디지털 기술이 확립됨에 따라 아날로그 신호를 디지털 신호로(analog to digital conversion), 또는 이와 반대로 디지털 신호를 아날로그 신호로(digital to analog conversion) 바꾸는 기술도 발달하게 되었다. 이러한 신호 변환의 가장 대표적인 예는 색채와 음향이며 각각 시각과 청각 신호에 해당한다(다른 세 가지 감각에 대한 신호는 아직까지 별다른 필요성을 느끼지 못한다).

색채와 음향의 디지털화 가운데 색채부터 살펴보자. 텔레비전이나 컴퓨터 모니터의 화면은 미세한 화소(畵素)로 구성되어 있다. 그리고 각 화소에는 빨강(red) 초록(green) 파랑(blue)의 빛을 내는 발광 물질이 들어 있다(이 세 가지 색깔을 '빛의 삼원색'이라고 부른다). 이 세 가지 빛의 세기를 잘 조절하여 배합하면 우리가 보는 모든 색깔을 만들어낼 수 있다. 요즘의 모니터 화면은 $2^{24}=16,777,216$가지 이상의 색깔을 표현하는 것이 표준으로 되어 있으며, 이것을 '24비트 컬러' 또는 '트루 컬러(true color)'라고 부른다. 물론 '진짜 트루 컬러'의 분포는 아날로그이므로 그 가짓수는 무한이다. 다만 1600만 가지 이상의 색깔이라면 어차피 인간의 감각으로는 자연의 색깔 분포와 구별할 수 없을 것이므로 24비트 컬러에 대한 별칭으로 사용한다. 이렇게 많은 수의 색깔은 빛의 삼원색 각각의 세기를 2^8의 단계로 나누어 얻어낸다. 예를 들어 빨강의 경우 빨강이 전혀 없는 상태를 0으로 하고 빨강이 가장 진한 상태를 255로 하는 $256(2^8)$가지의 단계로 나눈다. 초록과 파랑도 같은 방식으로 나누면 이 세 가지 색깔을 서로 다르게 배합할 수 있는 총 가짓수는 $2^8 \times 2^8 \times 2^8 = 2^{24} = 16,777,216$이 된다.

음향을 디지털화할 때는 샘플링(sampling)이라는 작업을 한다. CD 수준의 음질을 만드는 경우 샘플링은 1초에 44,100번(44.1kHz) 행해진다. 한편 사람의 귀로 들을 수 있는 음의 진동수는 20~20,000Hz이며 이를 가청주파수(可聽周波數, audio frequency)라고 한다. 따라서 가청주파수 가운데 가장 높은 음의 경우에는 한 번 진동하는 동안에 약 두 번의 샘플링이 이뤄지는 셈이다. 이렇게 한 번씩 샘플링할 때마다 음의 세기를 $2^{16}(=65,536)$ 단계로 나누어 기록한다. 그래서 이런 음향을 '16비트 사운드(16-bit sound)'라고 부른다. 근래에 CD를 대

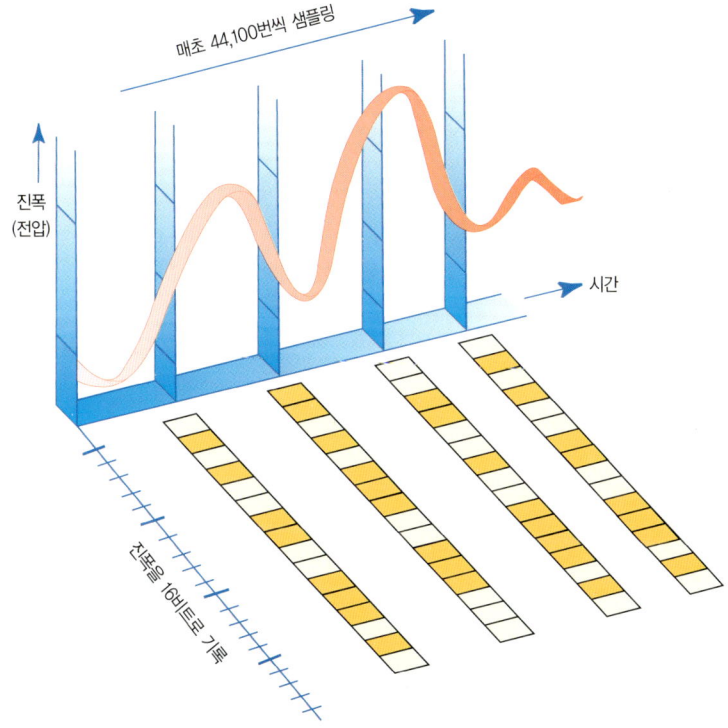

〔그림 46〕 음향의 디지털화. 이 그림에는 CD 수준의 음질을 내는 샘플링 주기 44.1kHz의 16비트 사운드를 기록하는 과정이 묘사되어 있다. 근래에 나온 DVD-오디오는 24비트 사운드에 샘플링 주기가 최고 192kHz에 이르므로 이보다 훨씬 뛰어난 음질을 구현한다.

체할 차세대의 음악 매체로 떠오른 'DVD-오디오(Digital Versatile Disk-Audio)'에 수록되는 음향은 '24비트 사운드'로서 샘플링 주기가 최고 192kHz에 이른다. 이에 따라 CD보다 훨씬 뛰어난 음질을 즐길 수 있다.

이렇게 디지털화된 신호는 컴퓨터 기술의 발달 덕분에 저장, 가공, 이송 등이 매우 자유롭다. 그러나 디지털화된 영상 및 음향 신호로 모니터나 스피커를 작동시킬 때는 다시 아날로그 신호로 바꿔야 한다. 그런 부품들은 아날로그 신호에서 작동하도록 되어 있기 때문이다. 예를 들어 사람의 귀에 44,100Hz로 샘플링된 디지털 신호를 그대로 보내면 전혀 들리지 않는다. 이런 진동수의 음파는 가청주파수의 범위를 두 배 이상 넘어선 초음파(超音波, ultrasonic wave)에 속한다.

디지털과 아날로그의 구별

디지털 계산은 숫자를 직접 다룬다. 어린이들이 필산을 할 때 '손가락을 꼽는' 행위가 바로 이 조작에 해당한다. 우리는 손가락이 열 개이므로 10진법을 사용한다. 한편 발가락까지 합치면 20개가 되는데, 고대 문화 중에는 20진법을 사용한 곳도 있었다. 다만 이때도 10진법이 중심이었고 20진법은 보조적으로만 쓰였다. 그런데 컴퓨터는 2진법을 사용한다. 비유적으로 말하면 컴퓨터의 손가락은 2개뿐이라고 말할 수 있다. 이 2개의 손가락을 한 단위로 생각하여 1비트(bit)라고 부른다. 언뜻 손가락이 2개밖에 없으면 매우 불편할 것으로 생각된다. 그러나 손가락이 2개인 손을 여러 개 늘어놓고 각각의 자릿수를 담당하게 하면 되므로 걱정할 것은 없다. 컴퓨터 발전의 초창기에는 손가락이 2개인 손 8개를 한 단위로 묶어서 사용하는 경우가 많았다. 그래서 지금까지도 8비트를 가리켜 1바이트(byte)라는 별도의 이름으로 부른다.

아날로그 계산은 숫자를 직접 다루지 않고 다른 여러 가지 현상을 이용하여 간접적으로 숫자 다루기의 흉내를 낸다. 자(尺)는 물체의 길이, 저울은 스프링의 눌림, 온도계는 물질의 팽창, 테스터(tester)는 전류나 전압의 변화, 자동차 속도계는 바퀴의 회전, 자동차의 연료계는 연료 탱크에 있는 연료의 높이 등등 숫자의 크기에 대응시킬 수 있는 여러 가지 자연 현상을 이용한다.

이렇게 살펴본 디지털과 아날로그의 특징을 간편하게 표현한 말들이 몇 가지 있다. 노이만(John von Neumann, 1903~1957)은 "아날로그 계산은 물리적이고 디지털 계산은 논리적이다"라고 말했다. 위의 예들에서 봤듯이 아날로그 계산은 자연에서 나타나는 여러 가지 물리적 현상을 이용한다. 반면에 디지털이 이용하는 손가락은 숫자를 직접 나타내는 '상징'이라는 점에서 이와 구별된다. 디지털 계산은 이런 상징에 의하여 직접 이뤄지므로 추상적이며 논리적이다. 물리학자이자 과학 저술가인 제러미 번스타인(Jeremy Bernstein, 1929~)은 "아날로그 계산기는 측정하며 디지털 계산기는 헤아린다"고 말했다. 이 말은 계산자와 손가락을 사용하는 모습을 상상하면 쉽게 이해할 수 있다. 그리고 앞에 쓴 "디지털은 계산이고 아날로그는 측정이다"라는 말은 '본래적 의미의 계산'은 '손가락을 꼽는 것'에서 보듯이 그 본질이 디지털이며, 본래적 의미의 계산으로부터 파생되어 나온 '아날로그 계산'의 본질은 여러 가지 물리적 현상에 대한 '측정'이라는 점을 강조한 것이다.

한편 디지털로 작동하는 컴퓨터가 2진법을 사용하다보니 은연중에 디지털은 곧 2진법이라고 여기는 경우가 많다. 심지어 어떤 컴퓨터 용어 해설집에도 "디지털이란 데이터를 0과 1의 두 가지 상태로만 생성, 저장, 처리하는 전자기술을 말한다"라고 되어 있는 것을 봤다. 그러나 앞에서 보았듯이 디지털과 2진법은 원칙적으로 아무런 관련이 없다.

20. 창의력은 가둘 수 없는 새

 2002년의 노벨상, 그 가운데서도 특히 일본이 받은 두 개의 상은 우리로 하여금 많은 생각을 하게 한다. 좁은 지면에 그 모든 것을 담을 수는 없으므로 두 가지만 살펴보기로 하자. 첫째는 일본 과학의 저력이며, 둘째는 그 운용 방향이다.
 첫째 논점인 일본 과학의 저력은 두 개의 상이 나온 분야를 보면 금세 이해할 수 있다. 물리학상을 받은 고시바 마사토시 교수의 연구 분야는 중성미자의 검출이다. 이 입자는 '유령입자'라는 별명에서 보듯이 수많은 소립자 중에서도 가장 신비로운 입자로 여겨지고 있다. 그 질량의 존재 여부는 현대 우주론의 기본 구도를 좌우할 만큼 중요하다. 그리하여 이를 밝히기 위한 경쟁이 세계적으로 치열하게 펼쳐지고 있다. 그러나 고시바 교수 자신도 말했듯이 그 사실이 밝혀진다 하더라도 일상생활과 직접 관련되지는 않는다. 이른바 기초과학 가운데서도 핵심적인 기초과학이다. 화학상을 받은 다나카 고이치 씨는 단백질의 질량 결정법을 연구했다. 이 분야는 생물학의 세기로 예상되는 21세기에 들어 폭발적으로 발전하고 있다. 따라서 기초과학이면서도 매우 강한 응용력을 갖고 있다. 실제로 그가 이룬 분석법은 현재 '단백질공학proteomics'에서 일상적으로 쓰일 정도로 급속히 실용화되었다. 이처럼 가장 기초적인 분야에서 가장 실용적인 분야까지 걸쳐 있는 광역적 분포의 양끝에서 모두 노벨상을 거머쥐었다는 점으로부터 우리는 일본 과학의 굳건한 저변을 깊이 감지할 수 있다.

이런 저변이 형성되기까지는 분명 많은 투자가 있었을 것이다. 또한 앞으로도 적극적인 투자와 육성이 이루어질 것이라는 데에는 이견이 없다. 일본은 이미 2001년부터 국내총생산의 1%인 약 2백 40조원을 과학기술 연구개발에 투입하기로 결정했다. 우리나라도 이를 거울삼아 적극적인 대책을 수립하리라고 한다. 그런데 노벨상, 더 나아가 과학의 발전은 단순히 투자만 늘린다고 해서 해결되지는 않는다. 발상의 전환 내지 창의력이 꽃필 터전을 조성해야 한다. 그리고 이것이 바로 둘째 논점인 과학 정책의 운용 방향이다.

멀리서 예를 찾을 것도 없다. 이번 노벨상의 수상과 함께 그 예도 함께 전해졌다. 다나카 씨는 전기공학도 출신으로 화학은 잘 모른다. 그러나 "전문 분야가 아니기 때문에 발상의 전환이 쉬웠다. 무無에서 출발하니까 오히려 답이 빨리 나왔다"고 말했다. 그가 근무하는 곳은 정밀기계회사이지만 대학보다 더 학구적인 연구 풍토의 전통을 130년 동안이나 이어왔다. 고시바 교수는 동경대 물리학과를 꼴찌로 졸업한 성적표를 휘날리며 간접적으로 이를 웅변했다. 때마침 영국의 한 신문도 "국가의 개입과 노벨상 수상은 반비례한다" "관료주의와 천재는 섞일 수 없다"는 보도를 전했다. 그러면서 모기업과 독립적인 연구활동을 하는 벨 연구소Bell Lab와 IBM 연구소의 명성이 이를 입증한다고 강조했다.

예전에 어떤 시인이 "총에 맞아 죽은 새는 새가 아니다. 새장에 갇힌 새도 새가 아니다. 오직 푸른 창공을 본연의 모습으로 날고 있는 새만이 진짜 새다"라고 말했다. 귀하고 아름답고 소중한 새들은 보호해야 한다. 그러나 가둬서는 안 된다. 과학자의 창의력도 가둘 수 없는 새와 같다. 앞으로의 정책은 근래의 '이공계 위기' 현상과 함께 엮어 폭넓게 생각할 필요가 있다. 크고도 치밀하게 풀어가기를 기대한다.

중성미자는 수수께끼의 입자

중성미자(中性微子)의 원어는 뉴트리노(neutrino)이다. 중성자(neutron)처럼 전기적으로는 중성이지만 그보다 질량이 훨씬 작기 때문에 '작다'는 뜻을 나타낼 때 쓰이는 어미 '-no'를 붙여서 이런 이름을 만들었다. 중성미자의 질량이 아주 작다고 했는데, 실제로는 그 질량이 0인지 아닌지조차 아직 불분명하다. 오랫동안 0일 것으로 믿어져왔지만 최근의 실험 결과에 따르면 0이 아닐 확률이 높다.

중성미자는 '유령입자' 또는 '수수께끼의 입자'로 불린다. 이렇게 불리는 이유는 그 존재를 확인하기가 매우 어려우며, 검출한 뒤에도 그 질량을 파악하기가 또한 매우 어렵기 때문이다. 중성미자의 존재를 최초로 예언한 사람은 오스트리아의 물리학자 파울리(Wolfgang Pauli, 1900~1958)였다. 그는 오늘날 베타붕괴(β-decay)라고 알려진 원자핵의 반응을 연구하던 중, 그때까지 알려진 입자들만으로는 에너지 보존법칙과 운동량 보존법칙이 성립하지 않는다는 것을 발견했다. 그리하여 1931년 그는 자신의 계산을 토대로 전기적으로는 중성이고, 질량은 0 또는 거의 0에 가까운 가상적인 입자가 있을 것이라고 예언하게 되었다. 그후 이 입자를 검출하기 위한 노력이 치열하게 펼쳐졌으며 마침내 1953년에 비로소 그 존재가 실증되었다.

중성미자를 검출하기가 이토록 어려운 것은 이것이 소립자들과 상호작용을 하기는 하는데 그 거리가 극도로 가까울 때만 그렇다는 독특한 성질을 갖고 있기 때문이다. 이 거리는 약 10^{-18}미터이며, 보통 원자

크기(약 10^{-10} 미터)의 1억분의 1이고, 보통 원자핵 크기(약 10^{-15} 미터)의 1000분의 1이다. 따라서 중성미자의 입장에서 볼 때 이 세상은 거의 아무것도 없는 진공과 비슷하다. 우리 몸을 지나갈 때도 아무런 거칠 것이 없으며 심지어 지구나 태양도 거의 그냥 통과해버린다. 그러나 이것도 아주 조심스럽게 말한 것일 뿐이다. 실제 계산에 따르면 철로 만들어진 벽으로 중성미자를 멈추게 할 경우 그 벽의 두께는 적어도 몇 광년은 되어야 한다.

이렇게 붙잡기가 어렵지만 그 수가 많다면 문제는 달라진다. 그 가운데 얼마 정도는 반드시 그 좁은 구역 안으로 들어갈 확률이 있기 때문이다. 실제로 지구에는 1초에 1cm²당 1천억 개의 중성미자가 쏟아진다. 따라서 많은 양의 물질을 사용하면 그것들 가운데 상호작용을 일으키는 것들을 포착할 수 있다. 올해 노벨 물리학상 수상자로 선정된 사람은 레이먼드 데이비스 2세(Raymond Davis Jr., 1914~), 고시바 마사토시(小柴昌俊, 1926~), 리카르도 지아코니(Riccardo Giacconi, 1931~) 세 사람이다. 이 가운데 데이비스 박사와 고시바 박사 두 사람이 바로 이런 방법을 이용했다(지아코니 박사는 엑스선 망원경을 개발한 공로로 선정되었다).

먼저 데이비스 박사는 중성미자가 염소(Cl)와 충돌하면 아르곤(Ar)을 생성한다는 점에 착안했다. 그리하여 물 600톤을 담을 수 있는 큰 수조를 만들고 그 안에 염소 화합물의 용액을 가득 채워서 실험했다. 한편 고시바 박사는 중성미자가 물 속을 통과할 때 그 안의 전자와 충돌하면 빛이 발생된다는 현상을 이용했다. 그러나 중성미자 외의 다른

[그림 47] 슈퍼 카미오칸데(Super Kamiokande)의 광전증폭기를 보트를 타고 다니면서 점검하는 모습. 이 시설은 일본 가미오카 현에 있는 지하 1000미터 탄광 속에 설치되었다. 큰 원통 안에 빛을 감지하여 증폭하는 광전증폭기 9만 개가 달려 있고, 그 안의 공간에 5만 톤의 물을 채운다.

입자도 그런 작용을 할 우려가 있다. 따라서 이를 차단하기 위하여 지하 1000미터의 광산에 5만 톤의 물을 채우고 실험했다. 이런 실험들을 통하여 관측된 중성미자의 개수는 태양 내부의 핵융합 반응을 이론적으로 계산한 결과와 일치했다. 그리하여 눈으로 직접 관측할 수 없는 태양 내부의 핵반응을 이해하는 데에 결정적인 기여를 했으며, 이번의 노벨상은 이에 대하여 수여되었다.

그러나 중성미자에는 더 중요한 비밀이 숨어 있다. 그 질량의 존재 여부가 바로 그것이다. 현대 우주론의 핵심을 이루는 이론은 이른바 '표준 모형 이론(standard model theory)'이라고 불린다. 이 이론은 중성미자의 질량이 0이라는 전제 위에 세워졌다. 하지만 고시바 박사의 실험 설비로부터 중성미자의 질량이 0이 아닐 가능성이 더 높다는 결론이 나왔다. 물론 이 결과는 아직 확정적인 것은 아니어서 앞으로 몇 년 이상의 추가적인 실험이 필요하다. 만일 그 결과가 질량이 있는 것으로 드러날 경우 현재의 표준 모형 이론은 새롭게 재편되어야 한다. 그리고 이 과정에서 또다른 노벨 물리학상이 수여될 가능성도 매우 높다. 일본의 과학은 21세기의 벽두에 들어 바야흐로 중대한 발전의 계기를 맞이했다고 여겨진다.

프로테오믹스(proteomics)의 문을 열다

2002년도 노벨상 수상자 중 가장 큰 각광을 받은 사람은 단연 다나카 고이치(田中耕一, 1959~)였다. 그는 노벨 화학상 역사상 최초의 학사 출신 수상자이다. 나아가 그 학사 학위도 상을 받은 화학과는 무관한 전기공학이었다. 그는 '발상의 전환'을 강조했는데, 다나카 같은 파격적인 수상자를 선출한 스웨덴의 노벨상 위원회야말로 진정 높은 수준에 도달한 발상의 자유를 직접 펼쳐 보였다고 말할 수 있다.

다나카가 연구한 분야는 단백질의 질량분석법(mass spectroscopy)이다. 질량분석법이라는 기술 자체는 화학에서 오래 전부터 사용해왔다. 이 방법은 감도가 매우 높고 분석 시간도 짧으며 다루기도 간편하다. 예를 들어 올림픽이나 월드컵 등에서 선수들을 대상으로 실시하는 약물 검사의 경우 소량의 시료에 들어 있는 극미량의 약물을 검출해내야 한다. 이를 위하여 다른 분석법도 많이 쓰이지만 위와 같은 장점을 지닌 질량분석법은 그 가운데서도 필수적이다. 그런데 질량분석법은 크기가 비교적 작은 분자들에만 쓰일 수 있다는 커다란 약점이 있었다. 그리하여 단백질 같은 고분자(高分子, polymer)에 대해서는 그 다양한 장점을 적용할 수 없었다.

단백질은 생물체의 세포 안에서 엄청나게 다양하고도 중요한 일들을 수행한다. 그에 따라 화학·약학·의학·생명공학 분야에서 이에 대한 많은 연구를 하고 있으며, 이런 추세는 최근 들어 더욱 증가하고 있다. 이러한 최근의 추세는 인간의 유전자에 대한 연구가 일단의 매듭을 지은 데서 기인한다. 스웨덴 왕립학술원(The Royal Swedish Academy of Sciences)의 발표에 담긴 비유에 따르면 유전자는 세포라는 무대의 감독이고 단백질은 그 주연배우이다. 따라서 인간의 유전자에 대한 일차적인 분석이 완성된 지금 연구의 중심은 당연히 단백질로 옮겨진다. 그리고 이 새로운 분야가 바로 '단백질공학'으로 번역되는 프로테오믹스(proteomics)이다.

단백질공학이란 무엇인가? 인간의 DNA에 담긴 유전자의 개수는 약 3만 개 정도라고 본다. 그런데 이로부터 만들어지는 단백질은 수십만 개에 이른다. 따라서 우선 어떻게 해서 더 적은 숫자의 유전자로부터 이렇게 많은 단백질이 만들어지는가를 밝혀야 한다. 그리고 유전자는 세포마다 똑같은데 단백질은 뇌세포, 간세포, 신경세포 등 종류에 따라 다르게 나타난다. 나아가 암을 비롯한 여러 가지 질병에 걸린 세포의 단백질 또한 정상 세포와 다르다. 단백질은 다른 단백질과 영향을 주고받으며, 단백질이 아닌 다른 물질들과도 상호작용을 한다. 이런 작용들을 통하여 세포의 삶, 다시 말해서 모든 생물의 생명 활동을 제어한다. 이런 점들을 고려할 때, 단백질 각각의 구조와 기능도 중요하며, 전체적인 분포와 상호작용도 함께 파악해야 한다. 단백질공학은 이와 같은 총체적인 양상을 연구 대상으로 하는 야심찬 계획이다. 그것은 소립자 물리학, 우주론, 반도체 산업 등에 못지 않은 '거대 과학(big science)'을 이룰 것으로 예상되고 있다.

이러한 단백질공학의 원어인 '프로테오믹스'는 프로테옴(proteome)에서 나왔다. 그리고 프로테옴이라는 말은 1994년 호주의 과학자 마크 윌킨스(Marc Wilkins)가 '단백질'을 뜻하는 프로테인(protein)과 '전체'라는 뜻을 나타내는 어미 -옴(-ome)을 결합하여 만들었다. 이를 토대로 한마디로 풀이하자면 "단백질공학이란 단백질의 모든 것을 연구하는 분야"라고 말할 수 있다. 그리고 그 역사는 이제 겨우 시작에 불과하다.

다나카가 발전시킨 새로운 분석법이 없었다면 단백질공학은 그 출발부터 험난한 길을 가야 했을 것이다. 위에서 말했듯이 단백질의 가짓수는 매우 많다. 뿐만 아니라 종래의 분석법으로는 검출조차 되지 않는 미량임에도 불구하고 생명체의 활동에 필수적인 역할을 하는 것들도 많다. 따라서 단백질공학이 원활하게 발전하려면 민감하면서도 빠른 분석법이 절실히 요구된다. 다나카는 이를 해결하는 일에 레이저를 이용했다. 정밀하게 조절된 레이저를 단백질 덩어리에 쪼이면 단백질 분자가 낱개로 떨어져나온다. 단백질 분자가 낱개로 떨어진다는 것은 허공중에서 단백질 분자가 혼자 돌아다닌다는 뜻이다. 더욱 다행인 것은 이렇게 낱개로 돌아다니는 단백질 분자가 전기를 띠고 있다는 사실이었다. 이것들에 전기장을 걸어주면 덩치가 큰 것과 작은 것들을 손쉽게 구별할 수 있다. 이런 성질들은 고속 고감도의 질량분석법에 곧바로 연결될 수 있으며, 자연스럽게도 단백질공학은 이에 힘입어 커다란 도약의 발판에 올라설 수 있었다. 〔그림 48〕은 이러한 다나카의 분석법을 개략적으로 보여준다.

　단백질공학은 유전자공학의 뒤를 잇는 중요한 분야이다. 우리나라는 미처 준비도 못 한 사이에 유전자공학의 선두에 동참할 기회를 놓쳤다. 그러나 단백질공학의 잠재력은 유전자공학을 넘어설 것으로 예상되고 있다. 지난 몇 년의 결과는 장차 거둬들일 수확에 비할 바가 못 된다는 뜻이다. 따라서 우리로서는 이 새로운 기회를 잘 이용해야 한다. 다행히 그 동안 기술이 발전하여 유전자 분석은 더이상 큰 부담이 되지 않으며, 생명공학 분야의 우리 인력도 세계적인 수준에 크게 뒤떨어지지 않는다. 유전자공학에서 뒤처졌던 거리를 단백질공학을 통하여 충분히 만회할 수 있다는 뜻이다. 이런 점들을 잘 활용하여 앞으

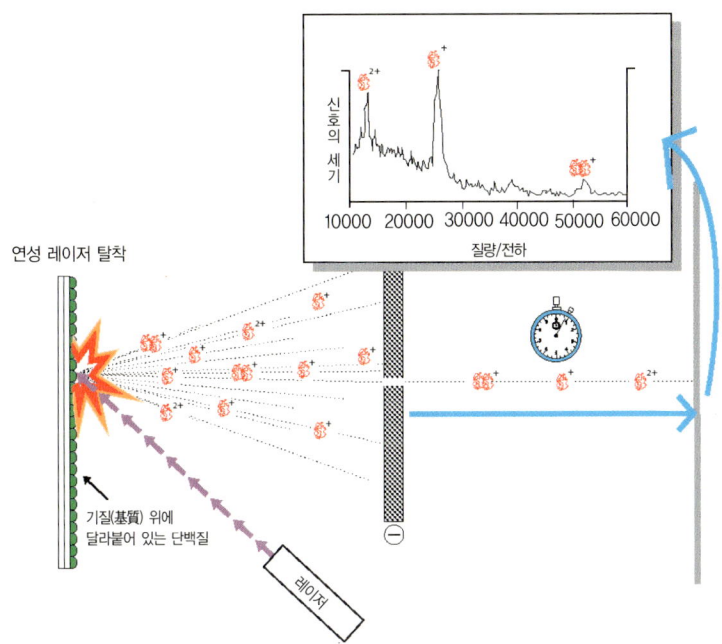

[그림 48] 다나카 고이치가 세계 최초로 개발한 '연성(軟性) 레이저 탈착법(脫着法)'(SLD, Soft Laser Desorption). 기질 위에 달라붙어 있는 단백질에 정밀하게 조절된 레이저를 쪼이면 단백질 분자들이 낱개 또는 2개가 뭉친 정도의 크기로 떨어져나온다. 이때 전하도 함께 띠면서 나타나므로 전기장을 이용하여 쉽게 분석할 수 있다. 그림에서 보듯이 단백질 1분자이면서 '2+'의 전기를 띤 것이 가장 빠른 위치에서 기록되며, 그 다음에 단백질 1분자이면서 '+'인 것, 그 다음에 단백질 2분자이면서 '+'인 것의 순서로 이어진다. 이런 것들이 기록된 피크(peak)를 조사함으로써 단백질의 질량을 손쉽고도 빠르게 구할 수 있다.

로 이 분야에서 이론적으로뿐 아니라 실용적으로도 큰 성과가 이뤄지도록 노력해야 할 것이다.

도와주되 가두지 말고, 스스로 갇히지도 말자

과학의 발전에서 창의력의 소중함은 얼마나 자주 강조되어왔을까? 그에 대하여 참으로 많이 들어왔기에 말 그대로 귀에 못이 박일 지경이다. 그런데 창의력이 중요하다는 것은 반드시 과학에만 한정되지 않는다. 문학·음악·미술·체육 등등 알고 보면 창의력이 소중하지 않은 곳이 없다. 그래서 앞서 '즐거움이라는 함수'에서도 소개했듯이, 우리나라의 주요 기업체들도 창의력을 새 시대의 인재를 뽑는 가장 우선적인 덕목으로 여기고 있다. 마침 고시바 박사가 일본 교육을 비판하면서도 격려하는 내용의 글이 전해졌기에 그 일부를 인용한다.

학생을 압살하는 일본의 교육제도

2002년 노벨 물리학상 수상자인 고시바 마사토시 교수는 교사와 학생 간의 솔직한 의견 교환이 미국을 과학 선진국으로 이끌었다고 지적하고 일본의 교육 풍토에서는 이런 의견 교환이 불가능하다고 비판했다. 그는 일본 학계도 미국처럼 학생이 선생의 잘못을 바로잡아주도록 장려해야 한다면서 교실에서 의견 교환이 이뤄지지 않은 것이 일본 과학자들이 노벨상을 타지 못한 이유라고 말했다. 또한 "대학원 공부를 하기 위해 미국에 가보니 노벨상을 받은 저명한 교수라도 실수를 하면 학부 학생이라도 일어서서 잘못을 지적하고 바로잡아주는 것이 당연하고 옳은 일로 간주되었다. 그러나 일본에 돌아와 보니 저명한 교수가 실수를 했을 때 아무도 그에 관해 말하지 않는 분위기였다"라고 지적했다. 일본은 2002년에 2명의 노벨상 수상자를 배출했지만 과학 분야의 역대 수상자는 겨우 8명에 불과하다. 이에 비해 미국은 1980년 이후에만도 화학 및 물리학에서 59명의 노벨상 수상자를 배출했다. (……) 고시바 교수는 젊은 시절 과학자로 성공할 것 같지 않은 인물이었다. 고교 시절에는 학교를 자주 빼먹었으며 도쿄 대학 물리학과를 꼴찌로 졸업했다. 하지만 결국 미국의 로체스터 대학에서 박사학위를 받았다. 그래서인지 대학 시절 공부를 못했던 것을 도리어 자랑스럽게 여기는 듯 형편없는 대학 시절 성적표를 기꺼이 보여주곤 한다. 노벨상을 받은 직후에는 "성적이 나쁜 사람도 할 수 있는 일이 있으며 점수가 좋다고 쉬어서도 안 된다. 중요한 것은 자신의 분야에서 열심히 공부하는 것"이라고 말했다. 한편 고시바 교수는 "일본 학생들이 선생의 잘못을 지적하기가 전보다 쉬워졌고 기초과학에 대한 지원도 느는 등 일본 학계도 사정이 좋아지고 있다"고 격려하면서, "언제라고 말할 수는 없지만 또다른 노벨 물리학상 수상자가 곧 나올 것"이라는 기대감을 표시했다.

일본은 2001년에 이어 2년 연속 노벨 과학상을 수상하여 축제 분위기이며 앞으로 노벨상을 겨냥한 일본 정부의 투자는 더욱 활성화될 전망이다. 일본 정부는 2001년에 나고야 대학의 노요리 료지(野依良治, 1938~) 교수가 노벨 화학상을 수상하자 향후 50년간 30명의 노벨상 수상자를 배출한다는 목표 아래 과학기술 5개년 기본계획(2001~2005)을 마련했다. 그리하여 국내총생산(GDP)의 1%인 24조 엔(약 2백40조원)을 과학기술 연구개발에 투입키로 결정했다. 노요리 교수는 이에 대하여 "노벨상은 올림픽에서 메달을 따는 것이 아니다"라고 말했지만 이는 어디까지나 관료주의적 틀을 염려한 것일 뿐 지원 자체에 대한 비판은 아니다.

이러한 일본의 움직임에 자극받아 우리나라도 좀더 적극적인 지원을 할 것이라고 한다. 그런데 이와 같은 정책적인 개선도 중요하지만 그보다 더욱 우선해야 할 것이 있다. 바로 우리 학생들과 선생, 교수, 연구인들 자신의 의식 개혁이다. 이를 통하여 한편으로는 자기 자신을 스스로 구속하지 않는 자유의지를 키우며, 다른 한편으로는 그것이 너무 지나쳐서 과욕과 무리로 이어지지 않도록 조심해야 할 것이다. 이와 같은 각 개인의 마음 자세와 정부의 적절한 지원이 잘 어울려 우리도 머지않아 과학 한국의 자부심을 세계에 펼쳐봤으면 한다.

21. 여백의 미학

동양화의 기법 중에 홍운탁월烘雲拓月이라는 것이 있다. 달을 직접 그리지 않고 주변의 구름을 그림으로써 달의 모습을 드러낸다는 뜻이다. 이런 경우 달이 있는 곳에는 아무런 운필運筆의 흔적이 없다. 그러나 거기에 달이 없다고 여기지는 않는다. 말하자면 '무無의 실체화'라고나 하겠다. 또한 동양화는 '홍운탁월로서의 여백'이 아닌 '진짜 여백'도 중요시한다. 이런 여백은 무의 실체화가 아니다. 말 그대로 '아무것도 없는 곳'을 아무것도 칠하지 않은 채 그냥 놔두는 것이다. 이에 비하여 서양화는 여백이 별로 없다. 화면 가득히 형형색색의 요소들을 빼곡이 집어넣는다. 심지어 동양화 같으면 진짜 여백으로 남겨둘 부분마저 '하얀색 물감'으로 칠해넣기도 한다.

동양과 서양의 이런 차이는 수학에서도 찾아볼 수 있다. 동양에서도 특히 인도는 예로부터 무의 관념에 아주 익숙했다. 그리하여 수학에서 가장 중요한 개념의 하나인 '0'을 세계 최초로 만들어냈다. 그러나 서양 학문의 원류를 이루는 아리스토텔레스는 "진공은 불가능하다"고 단언했다. 그래서 서양에서는 '0'의 개념이 자발적으로 생겨나지 못했다. 나중에 동양에서 그 개념이 전래되어왔을 때에도 상당한 거부반응을 보였다. 후세의 어떤 사람은 이를 가리켜 '진공의 공포'라고 부르기도 했다. 서양의 이런 전통은 그 뒤에도 이어진다. 파스칼은 『팡세 Pensées』에 "무한한 공간의 영원한 침묵은 나를 전율케 한다"라고 썼다. 광대무변의 무를 명상하며 마음의 평화를 찾아온 동양적 사고와는 매우 대조적인 자세다.

하지만 서양의 태도가 과학의 발전에는 유리했다. 동양에서는 무 자체뿐 아니라 실제로 존재하는 것들도 무화無化하는 경향을 보였다. 그러나 서양에서는 존재하는 모든 것들에 대하여 낱낱이 파고들어갔다. 그러한 분석적 자세를 통하여 엄청난 양의 지식을 축적해갔다. 결과적으로 근대 이후 과학의 주도권은 완전히 서양으로 넘어가고 말았다. 그러나 오늘날 전세계는 하나의 지구촌을 이루었고, 덕분에 과학도 이제는 인류 전체의 공유 재산이 되었다. 그 발전도 세계적으로 일체화하여 나아가고 있다.

그러나 이처럼 보편적인 과학의 시대에 살면서도 비과학적인 경향이 드러나는 경우를 자주 본다. 아직도 우리 주변에 떠돌고 있는 수많은 미신과 사이비 과학들이 그것이다. 이들은 아무런 과학적 근거가 없음에도 불구하고 그럴듯한 과학의 탈을 쓰고 떠돌아다닌다. "실제로는 과학적 근거가 없다"는 공백 상황이 그들을 더욱 설치게 한다. 이런 점에서 현대인들은 점점 더 파스칼을 닮아가는 듯하다. 공백으로부터 편안함이 아니라 두려움을 느낀다. 사이비 과학은 이처럼 공백을 두려워하는 사람들의 심리를 교묘하게 파고든다. 어떤 때는 터무니없는 줄 뻔히 알면서도 오직 공백의 두려움을 떨치기 위하여 그런 것에 탐닉한다.

현대인의 가장 큰 심리적 특성으로 '불안'을 꼽는다. 불안 때문에 바쁘게 살고, 빠져들고, 휩쓸리고, 끊임없이 채우려고 든다. 이제는 과학하는 마음과 고유의 미덕을 조화해갈 필요가 있다. 근래 빠름보다 느림, 복잡성보다 단순성을 찾는 움직임이 조금씩 눈에 띈다. 거기에 여백의 미학을 보는 마음의 눈을 더하면 더욱 좋을 것이다. 빈 채로 있을 곳을 빈 채로 두는 것은 우리의 전통에 어울릴 뿐 아니라 과학적으로도 올바른 자세다.

[그림 49] 홍운탁월(烘雲拓月)의 기법이 담긴 동양화. 김두량(金斗樑), 〈월야산수도(月夜山水圖)〉(지본담채, 82×49.5cm, 1744)

〔그림 50〕 불세출의 천재 화가 고흐(Vincent van Gogh, 1853~1890)의 〈봄의 정원Park at Asnières in Spring〉(캔버스에 유채, 50×56cm, 1887). 서양화는 대개의 경우 이처럼 한치의 빈틈도 없이 메워져 있으며 심지어 하얀 여백마저도 흰 물감으로 그려넣는다.

'무(無)'의 관념과 '0'의 탄생과의 관계

우리가 처음 수학을 배울 때를 돌이켜보자. 우리는 처음부터 0이라는 숫자를 너무나 자연스럽게 배운다. 그리하여 0에 대하여 별다른 의문은커녕 특별한 관심조차 가지는 일이 거의 없다. 또한 순서상 0이 1보다 앞서기 때문에 수학이 처음 시작할 때부터 0이 함께 나왔을 것이라고 여긴다. 그러나 수학에서 0의 개념은 그다지 만만한 것이 아니었다.

이 점은 고대의 숫자 가운데 0을 나타내는 기호를 가진 것이 드물었다는 사실에서 쉽게 확인할 수 있다. 우리가 잘 아는 한자만 하더라도 一, 二, 三, 四, 五, 六, 七, 八, 九, 十의 열 가지로 되어 있을 뿐 0은 없다. 오늘날 우리가 쓰는 숫자는 '10'을 나타내는 독립적인 기호가 없으며 9 다음에 자릿수를 하나 올려서 표기하는 것과 크게 대조적이다. 동양의 한자에 대응될 정도로 널리 쓰인 서양의 로마숫자도 마찬가지다. I, II, III, IV, V, VI, VII, VIII, IX, X으로서 0이 없는 대신 10에 대한 기호가 따로 있다. 한자와 로마숫자 그리고 오늘날 우리가 쓰는 아라비아숫자는 모두 10진법이라는 점에서 공통이다. 다만 그 10가지 숫자를 구성하는 데에는 이처럼 본질적인 차이가 있다.

이런 사실은 수의 탄생이 일상생활의 '필요성'으로부터 나왔다는 점을 강력히 암시한다. 어떤 물건이 없으면 숫자도 필요 없다. 그러나 한 개라도 존재하면 그때부터 수가 필요하다. 즉 최초의 수는 1로부터 시작하는 것이 '자연스러운' 순서이다. 따라서 1, 2, 3, ……으로 이어지는 수열(數列)을 '자연수'라고 부르는 것 또한 '자연스러운' 일이라고 이해할 수 있다.

그러면 고대의 숫자 가운데 0의 기호를 가졌던 것은 전혀 없을까? 그렇지 않다. 있기는 있다. 그런데 여기서 아주 흥미로운 것은 맨 처음에 나타난 0의 기호에 담긴 개념이 오늘날 우리가 쓰는 0의 개념과 달랐다는 점이다. 오늘날 우리는 "3-3=0"과 같이 '아무것도 없음'이라는 관념을 나타내는 데에 0을 쓴다. 그러나 고대의 이집트와 바빌

로니아 문명에서 사용했던 0은 이런 데에 쓰이지 않았다. 그들은 "3-3=?"이라는 계산 자체를 하지 않았다. 계산해봐야 아무것도 남지 않는다는 것이 뻔하므로 필요성이 없었던 것이다.

그들이 발명한 0의 기호는 계산이 아니라 자릿수를 나타내는 데에 쓰였다. 예를 들어 101과 11을 비교해보자. 만일 0이라는 기호가 없다면 101과 11을 어떻게 구별해야 할까? 처음에 그들은 '빈칸'을 이용했다. 다시 말해서 101을 '1 1'로 써서 붙여서 쓴 '11'과 구별했다. 그러나 이 방법은 혼동의 우려가 크다. '10001'과 '100001'이라는 두 숫자를 '빈칸'으로 구별하려면 쓸 때도 너무 피곤하고 읽을 때도 마찬가지다. 그리하여 그들은 단지 '비어 있는 자리'를 표시하기 위하여 0의 기호를 고안했다. 따라서 원칙적으로 계산과는 아무 관련이 없었다.

'0'이라는 기호를 오늘날 우리가 쓰는 바로 이 형태, 즉 '동그라미 형태'로 만든 곳은 인도였다. 뿐만 아니라 인도는 0을 '비어 있는 자리'를 나타내는 데는 물론 '아무것도 남지 않는 계산의 결과'를 나타내는 데에도 사용했다. 그리하여 오늘날 우리가 알고 있는 0의 관념과 용법과 기호가 모두 완성되었다.

하필이면 인도에서 그렇게 된 것은 인도 문화의 영향이 절대적이었다. 인도인들은 힌두교와 불교의 가르침에서 보듯이 무(無)의 관념에 아주 익숙했다. 그들은 무에 대하여 많은 사유를 했으며, 이런 점에서 볼 때 무는 그들에게 그저 덧없는 무가 아니라 가장 중요한 사유의 원천이었다. 더 나아가 그들은 무가 만물의 궁극적인 원천이라고 여기기도 했다. 이런 상황을 종합할 때 '0의 총체'가 인도에서 완성된 것은 역사적 필연이라고 볼 수도 있다. 어쨌든 이렇게 만들어진 0은 인도를 중심으로 동쪽과 서쪽으로 동시에 퍼져나갔다. 그에 따라 다른 숫자들도 함께 전파되었으며, 그 편리함 때문에 지구상의 다른 모든 숫자를 대치하기에 이르렀다. 그리하여 어떤 사람은 이를 가리켜 "인류 역사상 가장 위대한 공유의 경험"이라고 평가했다('국어가 수학에 앞선다'의 해설 참조).

무에 대한 친밀감과 두려움

인도와 반대로 그리스 문명은 무의 관념을 부정했다. 다만 그리스인들은 인도인이 생각했던 '철학적인 무'가 아니라 '물리적인 진공'에 대하여 생각했다. 물론 그들이라고 해서 모두 그런 것은 아니었다. 하지만 "그 이전의 모든 학문이 아리스토텔레스로 모여들었고, 그 이후의 모든 학문은 아리스토텔레스로부터 흘러나왔다"고 하여 이른바 '서양 학문의 저수지'라고 일컬어지는 아리스토텔레스가 문제였다. 그는 '진공'이란 것은 '아무것도 없는 것'인데, 그런 것이 존재한다는 것은 있을 수 없는 일이라고 생각했다. 그리하여 "진공은 불가능하다"라고 한마디로 단언해버렸다. 이후 이 말은 그의 권위에 힘입어 토리첼리(E. Torricelli, 1608~1647)가 진공의 실재성을 보여줄 때까지 거의 2천 년 동안이나 서양의 자연과학을 지배했다.

놀라운 것은 토리첼리에 의하여 진공이 실제로 가능하다는 점이 밝혀졌음에도 불구하고 여전히 그 안에 무엇인가가 존재할 것이라는 생각이 그후에도 지속되었다는 사실이다. 2천 년을 이어온 진공에 대한 공포 내지 혐오감을 한순간에 떨치기는 어려웠기 때문이었을 것이라고 짐작된다. 어쨌든 데카르트도 그랬고, 뉴턴도 그랬으며, 그들은 이 신비로운 물질을 에테르(ether)라고 불렀다. 그러나 마침내 에테르의 존재는 1905년에 발표된 아인슈타인의 특수상대성이론에 의하여 확정적으로 부정되었다.

  '수학적인 무'라고 할 수 있는 '0'에 대해서도 상당한 저항이 있었다. 계산이나 표기에는 편했지만 로마숫자에 비하여 조작의 가능성이 높았고 전통적으로 내려오는 권위주의의 벽도 부정적으로 작용했다. 하지만 상공업과 자연과학이 크게 발달함에 따라 각종 계산에서 필수적으로 사용될 수밖에 없었다. 어쨌거나 그들은 실용적이었다. 무의 관념에 대하여 부정적이었다는 점을 뒤집어보면 현실 세계에 대해서는 그만큼 긍정적이었다는 뜻으로 해석할 수 있다. 그리하여 동양에서 전래된 각종 학문들의 신비적인 요소가 배제되었고, 이에 힘입어 근세 이후의 과학은 눈부신 발전을 이루었다.

  오늘날 그들이 이룬 문명을 흔히 '물질문명'이라고 일컫는다. 여기에는 좋은 의미보다 비판적인 뉘앙스가 더 많이 깔려 있다. 그 문명이 근세 이래 지구 전체를 휩쓸고 있으며, 아직도 더욱 깊숙이 침투하여 끊임없이 그들의 욕망을 채우려고 한다. 이에 따라 어언간 동양도 서구화되어갔고, 우리 또한 마찬가지다. 그리하여 그들의 무의식 속에

[그림 51] 여백의 예술가 이우환(李禹煥, 1936~) 교수(일본 다마 미술대)의 〈Correspondance〉(캔버스에 유채, 290×218cm, 1994). 이우환 교수는 국제 화단에서 '그리지 않는 그림의 철학자'로 알려져 있다. 그는 "서양에는 여백이란 말 자체가 없다. 'blank' 같은 단어가 여백을 의미할 수는 없다. 그리다 만 것은 여백이 아니며 화면에 자극을 줌으로써 주변이 어울려 비약하고 초월하는 것이 여백이다"라고 말한다.

들어 있는 '무에 대한 공포'와 '끊임없이 채우려는 욕구'에 물들어버렸다. 근래 들어 현대 문명의 위기를 자주 논하면서 동양의 지혜로 극복하려는 움직임이 일어나고 있다. 이제는 지금까지의 경험을 토대로 지나친 신비주의와 지나친 물질주의를 모두 물리치면서 가장 합리적인 길을 모색해가도록 해야 할 것이다.

여백을 소중히 하자

이런 관점에서 볼 때 여백의 미학에 다시 눈을 뜨는 것이 필요하다. 이것은 새로운 지혜가 아니다. 예전부터 있었지만 잠시 잊혀졌을 뿐이다. 그러므로 우리는 이 지혜를 재발견하고 오늘의 현실에 맞추어 새롭게 적용해가면 된다.

이에 관한 보편적인 예로는 '생로병사'의 문제를 들 수 있다. 여기서 '생'은 너무나 광범위하므로 제쳐두기로 하자. 남은 세 가지의 문제를 보면 모두 많은 사람을 괴롭히는 커다란 고통의 원인들이다. 그런데 눈부시게 발전했다는 현대 과학으로도 지금껏 그것들을 완전히 이해하지 못하고 있다. 노화의 원인이나 치료법도 모르고, 아직까지 손도 못 쓰는 병도 많으며, 죽음 다음의 세계에 대해서는 앞으로도 영원히 모를 것이다. 그리하여 많은 사람들이 이것들에 대하여 두려워하고 불안해한다. 지금 당장은 젊고 건강해서 "뭐 얼마나 그럴까?"라고 할 사람도 있겠지만, 조금만 진지하게 생각해보면 분명 예삿일이 아니다.

이러한 불안의 틈을 타고 수많은 사이비 과학들이 스며든다. 별 희한한 보약을 권하고, 얼토당토않은 치료법을 들먹이고, 전생과 사후 세계를 꿰뚫는 것처럼 현혹한다. 키를 마음대로 키우거나 머리를 좋게 하고, 단 며칠 또는 몇 주 만에 외국어를 정복한다고 하며, 심지어 공부를 하지 않아도 저절로 공부가 되게 한다는 것들도 있다. 체질을 완전히 바꾼다고 하고, 짧은 시간에 엄청난 다이어트가 가능하다 하고, 초인이나 달인을 만들어준다고 한다. 말도 안 되는 투자 수익을 준다고 하고, 계산상으로 도저히 불가능한 이익을 준다는 기형적인 판매 조직들도 있다. 이밖에도 수많은 예가 있으며, 그 가운데는 구체적으로 예를 들기에는 너무 민감한 것들도 많다.

이와 같은 모든 현상이 여백을 여백으로 두지 못하는 '공허에 대한 불안감'에서 유래한다. 어떤 병에 어떤 약이 좋은지 분명하지 않으면 그대로 둘 줄도 알아야 한다. 이것저것 먹다가는 좋아질 확률보다 나빠질 확률이 훨씬 높다. 그리고 이 사실은 위에 든 다른 예들에 대해서도 모두 마찬가지다. 전생이란 것이 있는지 없는지도 모르는 판에 그에 대하여 왈가왈부할 필요가 없다. 생각해보는 것 자체는 좋겠지만 증명될 수 없는 결론을 고집해서는 안 된다. 모르는 것은 그저 모르는 채로 둬야 하며, 이 점은 사후 세계에 대해서도 당연히 그렇다.

과학은 지금껏 우리에게 많은 해답을 주었다. 그리고 앞으로도 그럴 것이다. 하지만 이것만이 과학의 목적이라고 봐서는 곤란하다. 과학은 모든 해답을 주려는 것이 결코 아니다. 지식의 섬이 커져갈수록 의문의 바다에 접한 해안선도 따라서 길어진다. 그런 뜻에서 여백의 미학은 잊혀진 전통이 아니다. 오히려 앞으로도 늘 새로이 깨달아가야 할 '미덕으로서의 미학'이다.

| 찾아보기 |

15/70 필름 100
16비트 사운드(16-bit sound) 259

20진법 260
24비트 사운드 259~260
24비트 컬러 258

35mm 필름 97~98

4E 모델 52

63빌딩 97

70mm 필름 97~98
7대 기본 단위 63~65

AIM-9L 24
AIM9 24
ALH84001 61
AZT 88

CD(Compact Disk) 256, 258~260

DNA(deoxyribonucleic acid, 디옥시리보핵산) 145, 270
DVD-오디오(Digital Versatile Disk-audio) 260

ECG 18
EKG 18

HIV(Human Immunodeficiency Virus, 인체면역결핍바이러스) 87

IBM 연구소 265

K1 전차 159

LP(Long Playing) 256

NASA(National Aeronautics and Space Administration, 미국 항공우주국) 58, 61
Nature or nurture? 132

〈T-REX〉 100

algebra 245

ddC 88
definition 246
delocalization 246
dynamics 227

frame 244
fun 37~40, 43, 45

handwriting 247~248

indefinite 245

justice 246

kinetics 227

localization 246
logarithm 245

mol 64~65
mole 64~65

negation 245
norm 198~199, 207
normal distribution 208~209, 246

statics 227
system 54, 244, 253

ㄱ

가상현실(virtual reality) 143
가속의 법칙 111
가이아 이론(Gaia theory) 31
가청주파수(可聽周波數, audio frequency) 259~260
간디(Mahatma Gandhi) 122
갈릴레오(Galileo) 198
감마선 분광계 58~60

감상적 애국주의 45
감쇠(減衰)진동 235
개리 카스파로프(Garry Kasparov) 172
거대 과학(big science) 271
게놈(genome) 88
경공(景公) 92~93
경구용 피임약(먹는 피임약) 125~126
경로(經路, path) 154~155
경로적분(經路積分, path integral) 154
계(界) 108, 112
계량(計量)텐서(metric tensor) 70
계산자(slide rule) 82~83, 251~255, 261
고든 무어(Gordon Moore) 223
고립계 111~114
고분자(高分子, polymer) 270
고시바 마사토시(小柴昌俊) 263, 267, 274
고흐(Vincent van Gogh) 281
공대공(空對空)미사일 12
공자(孔子) 43
공집합(empty set) 202~203
과학적 세계관 215
관성모멘트(moment of inertia) 70
광년(光年, light-year) 95, 102, 267
광량자(光量子＝광자 photon) 221
광량자설 221
광우병(狂牛病) 29~30, 32
광전효과(光電效果, photoelectric effect) 221
괴델(Kurt Gödel) 171

괴테(Johann Wolfgang von Goethe) 237, 242
교토 의정서(Kyoto Protocol, 지구온난화 방지협약) 57
국제단위계(SI, Le Système International d'Unités) 54, 63~64
국제식품규격위원회 183
굴신법(屈伸法) 16, 18
글로벌 서베이어 호 62
금성 53, 55~56
기무치(kimuchi) 183
기준 좌표계 219
기초벡터(basis vector) 180
기후변화설(빙하기도래설) 144~145
김남일 137, 140~142
김병현 11, 14~15, 104
김두량(金斗樑) 280
김치(kimchi) 174, 176, 182~183

ㄴ

나노기술(nano-technology) 154
나르시시즘(Narcissism) 192~193
나르키소스(Narkissos=Narcissus) 190, 192
나치즘(Nazism) 75
나침반(compass) 177~179
내성(耐性) 88~91
네메시스(Nemesis) 192
노요리 료지(野依良治) 275
노우즈 다운(nose down) 238~239

노이만(John von Neumann) 202~204, 260
노인반점(老人斑點) 196
노인성 치매(癡呆) 194~195
노장사상(老莊思想) 204
『논어(論語)』 43
뉴턴(Isaac Newton) 111, 211, 219~220, 285
뉴턴의 세 가지 운동법칙 111

ㄷ

다나카 고이치(田中耕一) 264, 269, 273
다변수함수 39
다큐멘터리(documentary) 97
단백질공학(proteomics) 264, 270~272
단속변수(斷續變數) 168
단속성(斷續性) 252
단위분포(單位分布) 209, 246
단위화(單位化, normalization) 209
단체소송제도 160
대공황 137~138
대량소비 사회 159
대수 245
데이비드 도이치(David Deutsch) 154
데카르트(René Descartes) 285
데칸 고원 144
도로교통법 72
도모나가 신이치로(朝永振一郞) 154
도전의식 51
돌리(Dolly) 35

동방결절(洞房結節) 18~19
동역학(動力學) 227
동태(이)론〔動態(理)論〕 227
드루 하벨(C. Drew Habel) 89
드 브로이(Louis Victor de Broglie) 221
디스템퍼(distemper)병 90
디지털(digital) 97, 143, 170, 250~262
디짓(digit) 253
딥 블루(Deep Blue) 172
〈딥 임팩트 Deep Impact〉 138
딥 프리츠(Deep Fritz) 172

ㄹ

라그랑주 미정승수법(未定乘數法) 49
라그랑주 방법(Lagrange's method) 38, 46, 48~51
라그랑주 승수(Lagrange multiplier) 49
라비(Isidor I. Rabi) 105
라이프니츠(Gottfried Wilhelm von Leibniz) 83
러셀(Bertrand Russell) 171
레이먼드 데이비스 2세(Raymond Davis Jr.) 267
로널드 레이건(Ronald Reagan) 186
로마숫자 81, 282, 285
롤링 루프(Rolling Loop) 방식 100
롤링(rolling) 239
리처드 도킨스(Richard Dawkins) 80
리카르도 지아코니(Riccardo Giacconi) 267

리프트 밸리 열병(Rift valley fever) 89

ㅁ

마그나 카르타(Magna Carta) 73~74
마라도나 142
마야 천문학(Mayan astronomy) 41
마이크로파(microwave) 228
마이클 잭슨(Michael Jackson) 174~175
마크 윌킨스(Marc Wilkins) 271
막스 플랑크 연구소 57
만물의 영장 109~110, 117, 119, 149
말라리아(malaria) 90
맥도널드 152
〈맨 인 블랙 Man In Black〉 95
먹이사슬 파괴설 144~145
먼지 겨울 135, 148
멀티미디어(multimedia) 248
메릴린치(Merrill Lynch) 52
명기(名器) 256
목성 139
무(無) 202~203, 281, 283
무로부터의 창조(creatio ex nihilo) 204
무위자연(無爲自然) 204
물굽이법 16, 18
물리량(物理量, physical quantity) 64~65, 67~70, 177
뮤온(muon) 104~105
미국연방헌법 74
미라(mirra=mummy) 91
미분 47~49, 226, 232

미소변화량(微小變化量) 232
미터법(metric system) 54, 63, 70
민법(民法) 33~34, 73

ㅂ

바딘(John Bardeen) 222
바운싱(bouncing) 239
바이러스(virus) 27, 29~31, 79, 87~89, 144~145
바이러스 감염설 144~145
바이트(byte) 261
바흐(Johann Sebastian Bach) 218
반코마이신(Vancomycin) 91
발효(fermentation) 183
밥 노이스(Bob Noyce) 223
방실결절(房室結節) 18~19
방울뱀(rattlesnake) 11~14, 16~17, 104
배비지(Charles Babbage) 84
배아복제 25~27, 32, 34~36
백악기 145~146
백인우월주의 212
백호주의(白濠主義) 125
버그(bug) 172
버지니아 주 헌법 73
버큰헤드의 전통(Birkenhead tradtion) 28
법익균형원리(法益均衡原理) 73
베르크마이스터(Andreas Werckmeister) 218
베를린 장벽 243

베카리아(C. Beccaria) 75
베타붕괴(β-decay) 266
벡터(vector) 67~70, 175~184, 255
벡터공간(vector space) 179~180
벨 연구소(Bell Lab) 222, 265
변종 에이즈 88~89
변화량 224~226, 229~233
병원체(病原體) 29~30, 86
보른(Max Born) 221
보안(security) 78~79, 85, 87
보안 프로그램 78, 87
보어(Niels Bohr) 221
복제배아 25~26
복제양 35
복제인간 25~26, 35~36
본원성(identity) 196, 244
봉고(bongo) 41
부수(部首) 247
부정 61, 106, 131, 206, 211, 220, 245, 284~285
불(George Boole) 84
브래튼(Walter Houser Brattain) 222
블랙홀(black hole) 22~23, 95, 101~104
비리온(virion) 30
비아그라(viagra) 133
비트(bit) 258~261
비트겐슈타인(Ludwig Wittgenstein) 171
빅뱅(big bang) 94
빌헬름 히스(Wilhelm His) 19

빙점(氷點, freezing point) 231

ㅅ

사건의 지평선(event horizon) 21, 23, 101, 103
사공명주생중달(死孔明走生仲達) 142
사이드암(sidearm) 13~14
사이드와인더(sidewinder) 12~13, 24
사이드와인더 미사일 24
사이드와인딩(sidewinding) 16~18
『사이언스Science』 58~59
산상수훈(山上垂訓, the sermon on the mount) 194
산업혁명 109, 115
『삼국지(三國志)』 144, 166
삼원색(三原色) 258
상법(商法) 73
상태벡터(state vector) 176, 181
샘플링(sampling) 258~160
생명윤리기본법 35
생명윤리법 35~36
생체 실험 36
샤를 사비에 토마 드 콜마르(Charles Xavier Thomas de Colmar) 83
선박 전통(ship tradition) 28
섭씨(Celsius) 66
성교육 122~123, 130~133
성전(性典) 132
섹스(sex) 122~124, 126~127, 131, 135

섹스관(觀) 129~131, 133
셀렌(Se) 145~146
셈판 82
셰익스피어(William Shakespeare) 242
『소녀경(素女經)』 133
소립자(素粒子, elementary particle) 95
소립자 물리학 271
소수(素數, prime number) 200, 216
속도위반 36, 67~68, 72, 177
속력위반 67, 72
손으로 쓰기(handwriting) 247
손의 해방 149
쇼크 업소버(shock absorber) 236, 240~241
수리철학(數理哲學, mathematical philosophy) 171
수선화(水仙花) 192
수판(數板) 82
숙주(宿主) 29~30
순수수학 73, 172
술(liquor) 178~179
숲에서 들판으로의 탈출 149
슈메이커-레비 혜성 139
슈바르츠실트(Karl Schwarzschild) 101, 103
슈바르츠실트 반지름(Schwarzschild's radius) 101
슈윙거(Julian Seymour Schwinger) 154
슈퍼박테리아 91
슈퍼카(supercar) 158~159

슈퍼 카미오칸데(Super Kamiokande) 268
슈퍼컴퓨터(supercomputer) 163, 172
스웨덴 왕립학술원(The Royal Swedish Academy of Sciences) 270
스위스 월드컵 44
스칼라(scalar) 67~68, 70, 177
스쿼트(squat) 238~239
슬라이더(slider) 14
승차감 236, 238~240
시공간(時空間, spacetime) 96, 153, 220
심장전기도(electrocardiogram) 18
심전도 18~19
쌍 생성(pair creation) 155
쌍 소멸(pair annihilation) 155
쌍둥이별 52

ㅇ

아라비아숫자 82, 254, 282
아리스토텔레스(Aristoteles) 171, 278, 284
아이맥스(IMAX) 94, 97, 100
아인슈타인(Albert Einstein) 22, 65, 71, 101, 104, 122, 212, 220~221, 285
악순환(惡循環, vicious circle) 117
안자(晏子) 92
알츠하이머병(Alzheimer's disease) 186~187, 194~196
아날로그(analog) 170, 250~251
아날로그 쿼츠(quartz) 시계 251
애리조나 다이아몬드백스(Arizona Diamondbacks) 11
앨런힐스(Allen Hills) 61
양자역학(量子力學, quantum mechanics) 104, 176, 180~181, 212, 221
양자전기역학(量子電氣力學, Quantum Electrodynamics) 153
양자중력이론 104
양자컴퓨터(quantum computer) 154
양전자(positron) 155
언더핸드(underhand) 13~14
업슛(up shoot) 14
에너지 보존법칙 266
에니악(ENIAC, Electronic Numerical Integrator And Computer) 84~85, 172, 252
〈에베레스트〉 100
에이즈(AIDS, Acquired Immune Deficiency Syndrome 후천성면역결핍증) 79, 87~89
에인트호벤(Willem Einthoven) 18
에코(Echo) 191
에테르(ether) 285
에틸알코올 178
엔트로피(entropy) 108~115
엔트로피 증대법칙 108, 112~113
역지사지(易地思之) 192, 194
연성(軟性) 레이저 탈착법(脫着法)(SLD, Soft Laser Desorption) 273
연속변수(連續變數) 170

연속성(連續性) 252
연쇄율(連鎖律, chain rule) 48
연수(延髓) 19
열역학적 죽음 114, 116
열역학 제2법칙 111~112
열중성자 60
영겁(永劫) 96
영공(靈公) 92
영아(嬰兒) 34
오디세이(odyssey) 53, 58~60
오스트랄로피테쿠스(Australopithecus) 149
온실 효과 56
와인드업(windup) 13
완충장치 235
요정(nymph) 191
용돈 사용의 문제 39, 50
우주선(宇宙線, cosmic ray) 60, 145
우주선설 144~145
우주의 파동함수(wavefunction of universe) 181
운동량 보존법칙 266
운동에너지 152, 158
운동 자유도 20
운동 제2법칙 111~112
운석 54, 61~62, 119, 138~139, 145~146
운석충돌설 144, 147
원소(元素, element) 145~146, 200, 202
원시선(原始線, primitive streak) 26

원 앤 온리(one & only) 52
원자론(原子論, atomic theory) 104~105
원자폭탄 제조 프로젝트 41
원조교제(援助交際) 121, 123, 125, 130
윌리엄 쇼클리(William B. Shockley) 212
유령입자 263, 266
유사(類似) 생명체 31
유아 245
유카탄 반도 146
유행성 암(癌)설 144~145
융점(融點, melting point) 231
융합설 144, 146
은하계 103, 219
응용수학 73
『이기적인 유전자 The Selfish Gene』 80
이상(李想) 189
이암블리코스(Iamblichos) 213~214
이어령(李御寧) 186
이우환(李禹煥) 286
이중성(duality) 221
인공지능(AI, Artificial Intelligence) 172~173
인과관계 160~161
인권선언 74
인터페이스(interface) 188
인텔(Intel) 223
일반상대성이론(the general theory of relativity) 22~23, 101, 220
임계(臨界) 반지름 101

ㅈ

자기도취(自己陶醉) 193
자기애(自己愛) 193
자릿수법〔place(positional) value system〕 252~253, 255
자발적 과정 108, 111~113
자연광(自然光, natural light) 151, 157
자연수(natural number) 197~198, 200~202, 205, 213, 215, 253, 282
자외선 붐 138, 148
자유 입자(free particle) 50
자의식(self-awareness) 187~189, 191~194, 196
자폐증(autism) 193~194
장공(莊公) 92
장력(張力, tension) 217
잭 웰치(Jack Welch) 52
적외선 13, 24
전자레인지 228
절대공간(absolute space) 211, 219~220
절대시간(absolute time) 220
절대적 생명 보호의 원칙 28
절도죄 76
점도(粘度) 227
정규분포(正規分布) 208~209
정상 198, 245
정상분포(正常分布) 208~209, 246
정상상태(stationary state) 246
정상우주론(steady-state theory of universe) 246
정상파(stationary wave 또는 standing wave) 246
정수론(整數論) 205
정역학(靜力學) 227
정의 63, 65, 71~72, 101, 176, 183, 189, 195, 200, 203, 246
정태(이)론〔靜態(理)論〕 227
제2법칙 111~112
제너럴일렉트릭(GE) 52
제러미 번스타인(Jeremy Bernstein) 261
제비 뜨기 151, 158
제자백가(諸子百家) 91, 149
제주왕나비 90
제천행사(祭天行事) 44
조비(曹丕) 166, 167
조식(曹植) 166
조조(曹操) 166
존슨우주센터(JSC) 61
존 워터하우스(John W. Waterhouse) 191
좌표계 219, 244
죄형법정주의(罪刑法定主義) 36, 72~73, 75~77
죄형전단주의(罪刑專斷主義) 73
주판(珠板) 82, 254
주행안정성(走行安定性) 238~240
〈죽어도 좋아〉 131
죽(竹)의 장막 243
중력상수(gravitational constant) 101
중성미자(中性微子, nutrino) 145, 263, 266~269

중성자 분광계 58
〈쥐라기 공원 Jurassic Park〉 143
지구온난화 57, 89, 116
지구촌(global village) 119, 248, 278
지코(Zico) 62
직립보행 149, 188~189
직진법 16, 18
진공(vacuum) 64, 100, 103, 137, 139, 266, 278, 284~285
진공관(vacuum tube) 172, 222
진공청소기 140~141
진시황(秦始皇) 54, 91
질량분석법(mass spectroscopy) 270, 272
집단소송제도 160
집단 초조증 45
집적회로(IC, Integrated Circuit) 172

ㅊ

차원(dimension) 12, 20, 32~33, 45, 120, 132, 151, 179~180, 192, 206, 242
찰스 베넷(Charles H. Bennett) 154
찰턴 헤스턴(Charlton Heston) 186
창의력 51~52, 151, 264~265, 274
창의성 51~52
창의적 플레이 38
철의 장막 243
청소년보호법 129
청소년 성범죄 121, 127
초서(草書, 흘림체) 248

초슈퍼박테리아 90
초신성(超新星, supernova) 145
초월수(超越數, transcendental number) 205
초음파(ultrasonic wave) 260
최영미 44
칠보시(七步詩) 167

ㅋ

『카마수트라 Kamasutra』 133
칵테일 요법 88~89
칸토르(Georg Cantor) 206~207
캐시 토머스 - 켑타(Kathie Thomas - Keprta) 61
컴퓨터 30, 54, 74, 78~79, 81, 84~86, 154, 163, 171~173, 186, 188, 210, 223, 247~248, 251~255, 257~258, 260~262
켈빈(kelvin) 66
코스모폴리터니즘(cosmopolitanism) 242
코스몬(cosmon) 95, 106
크라머(Detmar Kramer) 45
크람니크(Vladimir Kramnik) 172
크로네커(Leopold Kronecker) 205~207

ㅌ

타이타닉의 선택 27
탄성률(彈性率, modulus of elasticity) 70
탐 지그프리드(Tom Siegfried) 41
태공망(太公望) 92

태아(fetus) 33~34
태양계 53, 113~114, 139, 244
테마공원(theme park) 97
텐서(tensor) 70
토리첼리(Evangelista Torricelli) 284~285
톱니효과(ratchet effect) 117~118
톱 쿼크(top quark) 106
퇴행성 뇌질환 194~195
튜링(Alan Turing) 84
트랜지스터(transistor) 172, 212, 222
트루 컬러(true color) 258
특수상대성이론(the special theory of relativity) 65, 101, 220, 285
특이점(特異點, singular point) 21, 23, 94~95, 102, 104
틀 41, 43, 153, 244, 276
티라노사우루스(tyrannosaurs) 100

ㅍ

파동함수(wavefunction) 181, 221
파스칼(Blaise Pascal) 83, 278~279
파시즘(Fascism) 75
파울리(Wolfgang Pauli) 266
파인만 다이어그램(Feynman diagram) 154~156
『파인만 물리학 강의The Feynman Lectures on Physics』 156
파인만(Richard Feynman) 41~42, 150~151, 153~154, 156
『파인만 씨, 농담도 잘하시네!Surely you're joking, Mr. Feynman!』 41
팔로 알토(Palo Alto) 223
패스트푸드 152, 160, 175, 181
패혈증(敗血症) 90
팬더(panda) 122, 133
퍼센트 포인트(percent point) 224~226, 231~233
퍼센티지 포인트(percentage point) 225
페아노(Giuseppe Peano) 201~202, 204
페아노의 공리계 201, 204
펠레(Pele) 142
편광(偏光, polarized light) 150, 152, 156~157
편광판(偏光板, polarizer) 157
편극률(偏極率, polarizability) 70
편재 246
평균율(平均律, equal temperament) 216~218
〈평균율 클라비어곡집〉 218
평생교육 130, 132
포이어바흐(P. Feuerbach) 75
폴 베니오프(Paul A. Benioff) 154
표준 모형 이론(standard model theory) 269
표준편차 209
푸르키녜(Purkinje)섬유 19
프랑스혁명 74
프로테오믹스(proteomics) 269~271
프로테옴(proteome) 271

프루시너(Stanley B. Prusiner) 30
프리섹스(free sex) 126
프리온(prion) 30
『프린키피아 *Principia*』 211
피자헛 152
피칭(pitching) 239
피타고라스(Pythagoras) 206~207, 211, 213~215, 217
필립 모리스 160
필산(筆算) 81~82, 253~254, 260

ㅎ

한국표준과학연구원 66
한국형 핵잠수함 13
한스 베테(Hans Bethe) 153
함수(function) 38~39, 46~49, 153, 180~181, 221, 245, 274
합성수(合成數) 200
해서(楷書) 248
해커(hacker) 78
해킹(hacking) 78~79, 85~87
핵융합 발전 115
행렬(matrix) 70
행서(行書, 반흘림체) 248
헤르츠(Heinrich R. Hertz) 216
현상(phenomenon) 23, 57, 76, 87, 89, 95, 101~102, 106~108, 110, 113, 117, 124, 126~127, 139, 153, 155~156, 211, 214~215, 227~230, 232, 234~235, 251, 254, 256~257, 261~262, 265, 267, 288
형법(刑法) 33~34
호킹(Stephen Hawking) 104, 171, 176
홍운탁월(烘雲拓月) 277, 280
화산폭발설 144
화석연료(fossil fuel) 115~116
화성 53~54, 58~62
화씨(Fahrenheit) 66
확률밀도함수(確率密度函數) 209
환공(桓公) 92
황금률(golden rule) 194
황색포도상구균 91
황열병 90
훈민정음(訓民正音) 165, 243
휴전선 243
히딩크(Guss Hiddink) 38, 137
히스색(His索) 19~20
히스속(His束) 19
히파수스(Hippasus) 206~207
힉스 입자(higg's particle) 106
힐베르트(David Hilbert) 171

고중숙의 사이언스 크로키

초판인쇄	2003년 2월 28일
초판발행	2003년 3월 7일

지은이	고중숙
펴낸이	고순화
펴낸곳	해나무
출판등록	2001년 4월 7일 제6-407호

주 소	136-034 서울시 성북구 동소문동 4가 260번지 동소문빌딩 6층
전자우편	henamu@hotmall.com
전화번호	927-6790~5
팩 스	927-6753

ISBN 89-89799-09-0 03400

* 잘못된 책은 바꿔드립니다.

無 0 眞空 존 배로 지음 | 고중숙 옮김
철학, 수학, 물리학을 관통하는 Nothing에 관한 우주론적 사유!
숫자 0, 공집합, 철학자의 공허, 에테르, 양자진공 등 '무(無, Nothing)'에 관한 모든 것을 파헤친 책. 우주에 관한 가장 최근의 이론에서부터 인문과학과 자연과학을 종횡무진 넘나들며 무의 본질과 특성, 그리고 그 관념의 변천사를 살펴본다. A5신 | 496쪽

투바:리처드 파인만의 마지막 여행 랄프 레이튼 지음 | 안동완 옮김
한 천재 과학자의 호기심과 열정이 담긴 모험담!
노벨 물리학상 수상자, 20세기 최고의 물리학자, 전세계 과학자들에게 가장 큰 영향을 끼친 인물인 리처드 파인만이 세상을 뜨기 전까지, 세상에서 가장 신비한 나라 투바를 향해 쏟은 끝없는 열정과 감동의 투혼! B6 | 352쪽

마지막 기회:더글러스 애덤스의 멸종 위기 생물 탐사
더글러스 애덤스 · 마크 카워다인 지음 | 최용준 옮김
멸종 위기에 처한 희귀 생물들을 찾아나선 유쾌하고 통렬한 지적 오디세이!
세계적인 SF작가 더글러스 애덤스와 동물학자 마크 카워다인이 위험에 처한 진귀한 생명체들을 탐사하기 위해 여행을 떠난다. 즐겁고 매혹적이며 감동으로 넘치는 동물들의 왕국에서의 다양한 체험! B6 | 360쪽

새로운 천년의 과학 이인식 엮음
우리 시대 최고의 석학들이 과학의 역사와 미래를 성찰한다!
스티븐 호킹, 리처드 파인만, 베르너 하이젠베르크, 김용운, 복거일, 이봉재, 임경순, 최재천, 장회익 등 20세기 과학 연구와 보급에 크게 이바지한 국내외 학자들의 대표적인 과학 에세이 21편을 한데 모은 책. A5신 | 384쪽

톨킨 백과사전 데이비드 데이 지음 | 김보원·이시영 옮김
최고의 톨킨 사전, 영원히 끝나지 않을 톨킨 세계에 대한 방대한 탐구의 출발점!
『반지의 제왕』등 톨킨의 작품들에 등장하는 모든 종류의 생명체, 장소, 시간, 사건들에 대한 광범위하고 상세한 안내서. 다섯 가지 주제별로 5백 개 이상의 표제어를 수록했으며, 50컷이 넘는 환상적인 삽화들을 곁들여 믿을 수 없는 황홀경을 연출하고 있다. A4올컬러 | 320쪽

아빠, 찰리가 그러는데요 우르줄라 하우케 지음 | 강혜경 옮김
호기심 많은 초등학생 아들과 중산층 젊은 아빠의 세상사 비틀어 보기!
아들과 아빠 사이에 오가는 일상 생활에 관한 35편의 대화. 생각하는 가운데 웃음이 터지는, 아빠와 청소년이 꼭 함께 읽어봐야 할 책. 독일 라디오 방송에서 절찬리에 방송됐던 화제의 베스트셀러. A5변형 | 280쪽